U0120017
華志文化

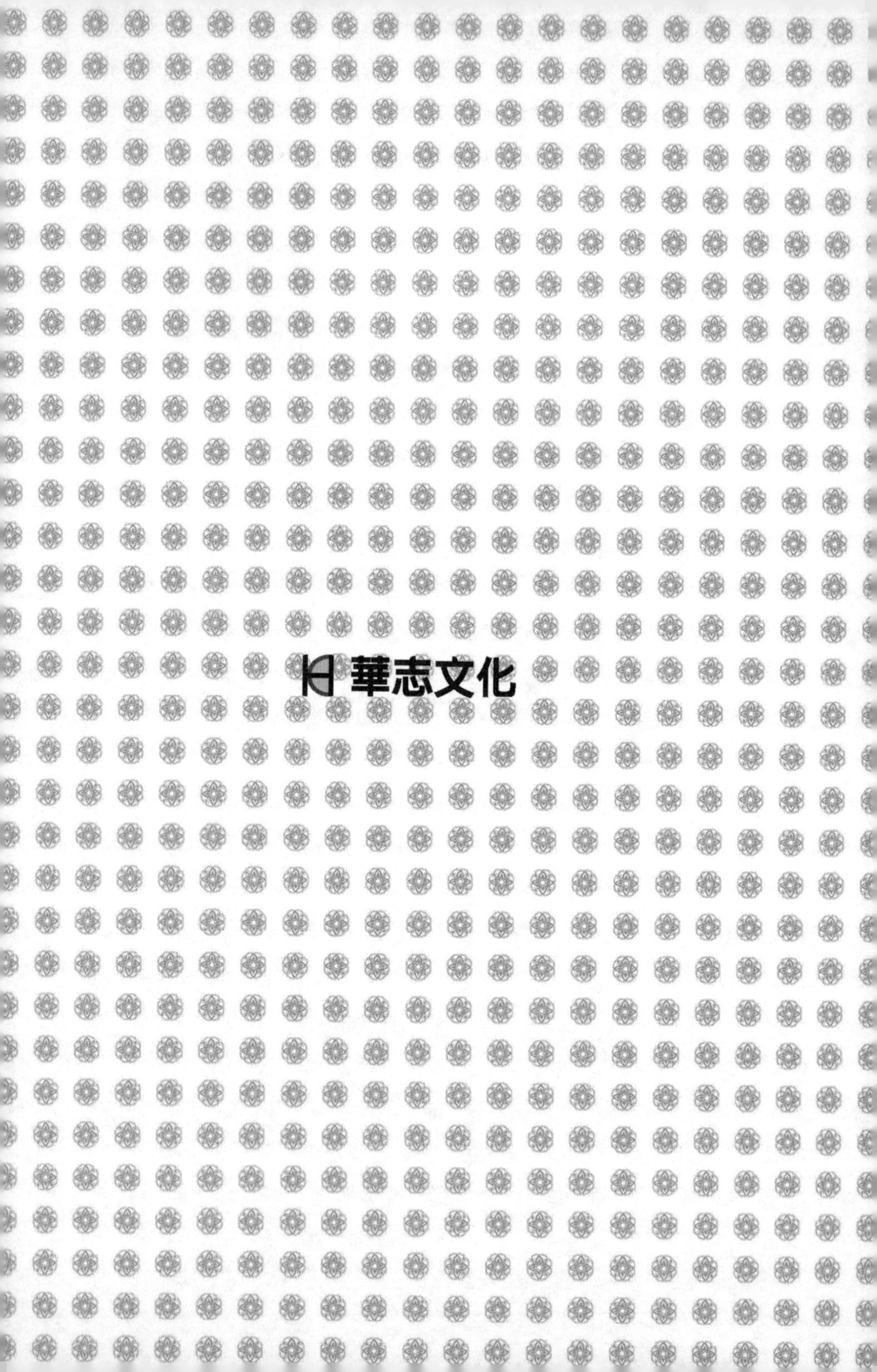
華志文化

用人識人的古今觀人術

秘而不宣的識人技巧

李津教授 著

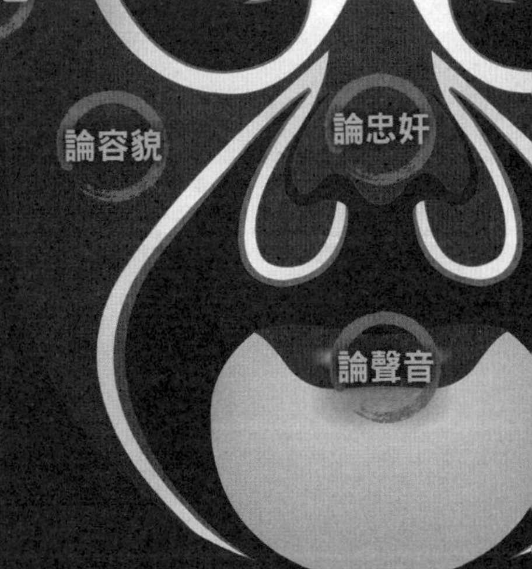

人心比山川險惡，知人比知天艱難
要真正識人心，必須有敏銳洞察力

識人之前，重在觀人。觀人重在言與行，識人重在德與能，不細觀則不能明識，不明識則不能善用。只有知人才能善任。本書以古人的識人方法為基礎，闡述了識人用人的古今理論，並列舉了事例，深入研究古人的經驗和教訓。本書雖為一本識人學的良書，也是一面歷史的鏡子，是一本隨身工具書。

前言：用人識人的古今觀人術

古往今來，大凡要成就一番事業的統御者，無不深知「一人耳目，思慮難周」的道理，為能求得「賢臣、良臣」而煞費苦心。但識別人才並非易事。白居易一詩中說：「試玉要燒三日滿，辨材須待七年期」。唐太宗李世民說：「人才難得更難知。」宋代陸九洲也說：「事之至難，莫如知人；事之至大，亦莫如知人。誠能知人，則天下無餘事矣。」可見識人之難。

先賢說：「人心比山川還要險惡，知人比知天還要艱難。」這話固然有些偏頗，但它從側面上則說明了人心的隱蔽性。表面看上去，每個人都好像一樣，但內心世界卻包得嚴嚴實實，深藏不露，誰又能究其根柢呢？每個的人內心世界常常是複雜、甚至是矛盾的統一體。因此，要真正識人於內心，必須有敏銳的洞察力。

而國之興亡，務在得人。得其人任用之則存，失其人未任用則亡。何世無才，患在不識。識人之前，重在觀人。觀人重在言與行，識人重在德與能，不細觀則不能明識，不明識則不能善用。只有知人才能善任，因為對一個人瞭解得越深刻，便用起來就越得當。

識人是為了用人。在這方面，三國時的孫權慧眼獨具。孫策子承父業後，任用呂範主管東吳的財政。孫策的弟弟孫權經常背著哥哥向呂範要錢花。呂範雖有財權，從來沒有自作主張給孫權支付過銀兩，惹得孫權非常生氣。可是到孫權即位後，反倒重用呂範。正是孫權這種「親賢臣，遠小人」的識人用人觀，使得東吳在他執政時期成為三足鼎立中的一方。

賢明的領導都應做到知人善用，擇賢而任。所謂知人，就是考察選準人才；所謂善用，就是正確地使用人才。所謂擇賢，就是要選擇那些德、才、能三才兼備的善良者；所謂而任，就是將具有德、才、能三才兼備的善良者任用到重要的工作崗位上去，發揮他們應有的智慧與才能。

全書共分七章，識別忠與奸、論剛柔、論容貌、論情態、論鬚眉、論聲音、論氣色。以古人的識人方法為基礎，全面闡述了識人用人的古今理論，並列舉了事例，深入研究和總結古人識人用人的經驗和教訓。

本書雖為一本《識人學》的良書，卻也是一面歷史的鏡子，希望讀者看後能獲益匪淺。

編者李津謹識

目錄

第六章　聲音

第七章　論氣色

第一章　識別忠正與奸邪

第一節　考察精神

一身精神，具乎兩目
一身骨相，具乎面部
他家兼論形骸
文人先觀神骨

【原典】

語云：「脫穀為糠，其髓斯①存」，神②之謂也。「山騫③不崩，唯石為鎮④」，骨之謂也。一身精神，具乎⑤兩目；一身骨相，具乎面部。他家兼論形骸⑥，文人先觀神骨。開門見山，此為第一。

【注釋】

①斯：語氣助詞，沒有實際意義，可以理解為「仍然，還」。

②神：與「精神」不相同，除了有精力旺盛之外，還包括一個人由知識、經歷、意志、毅力中所表現出來的氣質，是生命力、行動力、意志力和創造力的合成表現，可以從眼神裡看出來。

③騫：拔去，引申為損、虧，這裡可以理解為石頭的風化、損壞。

④鎮：這裡可以理解為依靠石頭的支撐而使山體保持牢固。

⑤具乎：集中在，表現在。

⑥形骸：指我們自己的身體。

【譯文】

俗話說：「去掉稻穀的外殼，就是沒有多大用途的穀糠，但稻穀的精華——米，仍然存在著，不會因外殼磨損而丟失。」這個精華，用在人身上，就是一個人的內在精神狀態。俗話又說：「山嶽表面的泥土雖然經常脫落流失，但它卻不會倒塌破碎，因為它的主體部分是硬如鋼鐵的岩石，不會受風吹雨打侵害。」這裡所說的「鎮石」，相當於一個人身上最堅硬的部分——骨骼。一個人的精神狀態，主要集中在他

的兩隻眼睛裡；一個人的骨骼豐俊，主要集中在他的一張面孔上。像工人、農民、商人、軍士等各類人員，既要看他們的內在精神狀態，又要考察他們的形體神態。作為以文為主的讀書人，主要看他們的精神狀態和骨骼豐俊與否。精神和骨骼就像兩扇大門，命運就像深藏於內的各種寶藏物品，察看人們的精神和骨骼，就相當於去打開兩扇大門。門打開之後，自然可以發現裡面的寶藏物品，測知人的氣質了。兩扇大門——精神和骨骼，是觀人的第一要訣。

【評述】

「神骨」為本卷之開篇，總領全卷，當為全卷總綱，同時也說明曾國藩品鑑人物以神為主，形神並重。

一個人的相貌雖然是父母賜予的，是天生的，但人的品性、人的修養、歲月的痕跡，卻會沉澱在一個人的形體之內，形成一種精髓、核心。這樣一種精髓、核心就如一粒潛藏在體內的珍珠一樣，使人煥發出獨具個性的熠熠光芒，並透過儀表、舉止、言談得到反映。這就是一個人內在的「神骨」。

這裡，曾國藩所說的「骨」，並不是現代人體解剖學意義上的骨骼，而是專指與「神」相配，能夠傳「神」的那些數量不多的幾塊頭骨。「骨」與「神」的關係也可以從「形」與「神」的關係上來理解，但「骨」與「神」之間，帶有讓人難以捉摸、難以領會的神秘色彩。讀者一般往往很難把握住，只有在現實中自己去多加體會。對此古代醫書中記述道：骨節像金石，欲峻不欲橫，欲圓不欲粗。瘦者不欲露骨，肥者不欲露肉，骨與肉相稱，氣與血相應。

曾國藩所言的「神」，並非日常所言的「精神」一詞，它有比「精神」內涵廣闊得多的內容，它是由人的意志、學識、個性、修養、氣質、體能、才幹、地位、社會閱歷等多種因素構成的綜合物，是人的內在精神狀態。俗話說「人逢喜事精神爽」，而這裡所論的「神」，不會因人一時的喜怒哀樂而發生大的變化。貌有美醜，膚色有黑白，但這些都不會影響「神」的外觀。換句話說，「神」有一種穿透力，能越過人外貌的軀幹表現出來。比如人們常說「某人有藝術家的氣質」，這種氣質，不會因他的髮型、衣著等外貌的改變而消失。氣質是「神」的構成之一。從這裡也可看出，「神」與日常所言的「精神」並不一樣。

神是一種氣質性的東西，能在後天的環境中發生變化。神可能來自於磨練，也可能來自於陰陽的調和。讀書到相當程度，他外在的氣質與其他人有明顯的不同，彷彿有某種光，這是神的一種表現。在經歷世事中成長，歷經風雨事變的考驗，氣質神態又有不同，這也是神的一種表現。神是藏於形之內的，形也就是容貌，尤其是眼睛。

神與眼睛的關係就像光與太陽。神透過眼睛外觀出來，猶如光從太陽裡放射出來普照外物一樣，但神是藏於目之中的，猶如光本身就存在於太陽內部一樣。因此曾國藩用八個字來形容：「一身精神，具乎兩目。」

總之，「神」並不能脫離具體的物質東西而存在，它必須有所依附，這就是說「神」為「形」之表，「形」為「神」之依，「神」是蘊含在「形」之中的。

我們觀察一個人，首先要看其「形」，因為這是「神骨」存在的基礎，是一個人天分與稟賦的反映。五官端正，三停勻稱，骨肉豐滿，氣色紅潤，說明其人精力旺盛、生性善而正，是天生美質、可造之材；獐頭鼠目，鼻眼歪斜，骨不附肉，氣濁神枯，說明其人氣蘊不足、生性乖張，稍不留神，就可能滑向歪門邪道。這一方面可反映出胎兒受孕環境、發育過程的好壞，更主要的則是來自父母稟性的遺傳。同時，按照中國民間的傳統說法，它還是一個家族德行、德性的累積。擁有好的相貌基礎，就如同擁有一塊未經雕琢的璞玉。

當然，擁有好的材質，並不代表一定能成就好的人品；沒有好的材質，也不代表一定成不了國家的棟樑、社會的柱石。先天的稟賦，只是一個質樸的根基、橫豎的紋路，僅僅能說明雕琢的難度有多大、需要花費的氣力有多少。相對而言，後天的教育、修身、發展才是更為重要的。隨著一個人學識、修養、心態的不斷變化，相貌所能反映的智愚、邪正、剛柔也會有動態的改變。事實上，在生活中，我們經常可以看到某個人衣冠楚楚、儀表堂堂，卻感覺渾身透著一股邪勁兒；也可以看到某個人衣衫襤褸、相貌醜陋，卻不能遮掩其逼人的英氣。所以，我們在看到一個人的相貌外表後，一定要留心其相貌所反映出的「神」。這才是識人之法真正的核心。

本卷開章明義這段話，講的就是形神關係。

「一身骨相」，即是指先天材質，而五官端正飽滿與否又是材質如何集中的反映，所以說「一身骨相，具乎面部」。

「一身精神」，即是指「形」所具有的「神」，而眼睛作為心靈的窗戶，又最能閃耀出靈性、善惡與邪正。所以說「一身精神，具乎兩目」。

芸芸眾生中，普通材質者居多。隨便看一個人，也不一定強求別人擁有多高的學識、修養與智慧，所以不妨著重看其形骸，因為從其五官疏朗與否、氣色光華與否、骨骼肌肉飽滿與否、動作言談剛健與否，已然可以看出其精力如何、氣魄如何、品性如何，從而基本知其貧富貴賤之歸宿。然而，對於士人豪傑而言，就必須觀察其神骨，也就是既要看其材質，更要著重看其精神。因為你此時鑑人的目的，不是為了給別人指點迷津，而是在為國家選拔人才，不得不慎重考察。所以說「他家兼論形骸，文人先觀神骨」。

曾國藩所講的「神」、「骨」是兩個只可意會、難以言傳的概念，它可以表現在個人表現的方方面面。在本卷的第一章裡，曾國藩對「神」、「骨」分別作了專門論述，論述的重點又集中在眼神、骨骼上。這樣做，思路是清晰、貫通的，但對一個人精神、骨氣的觀察應當融入每一個具體細節、具體過程中。眼神、骨骼固然可以集中反映「神骨」，但形體、舉止、言談甚至日常處事方式也都可以表現「神骨」，神的變化來自於磨練，來自於陰陽的調和，來自於修養的提高。神所傳遞的心性正邪、智慧、愚笨都是其他東西掩蓋不了的，就像雲層厚積中的陽光，區別僅在於會不會鑑別。精神狀態良好，能調節激發體內潛能，靈感與超水準發揮就有實現的可能。而氣沉不下來，就做不好事情。神與精神還不是一回事。神是一個人生命力、行動力、意志力和思考力的綜合表現，是有質無形的東西，主要集中在人的面部，尤其是兩隻眼睛裡。人們看不到它的實體，卻能感覺到它的存在。神是一種氣質的東西，是能在後天的環境中發生變化的。後天的磨練很重要，也是才能、信心、智慧增長的源泉，也可以說生命力是基礎，行動力是武器，意志力是動因，思考力是統帥。

由於修養深淺的變化，有的人神光內斂，是大才；有的人鋒芒畢露，是中才；如果無神無光，則不足為論。

在考察人的過程中，有一種普遍現象，人們比較容易識別與自己性格相似、知識水準差不多、經歷差不多、能力差不多或比自己低的人才，而不同類型，比自己才高的人則判斷不準確了。加之受個人好惡的影響，很多人在觀察別人、鑑別人才的時候就犯了不少錯誤。這就要提醒人們在鑑別人才時不要以己觀人，即憑自己的主觀喜好去選人才！

精神狀態有不足與有餘之分。從外部察人，主要觀察人的精神狀態。神表現為灑然而清，或者為凝然而重，這都是好的，皆來自於內心的清明厚重。內心清明厚重，決定著他的思維正確、大腦清醒、判斷正確，以這樣的條件去領導他人和處理問題，自然得心應手。神清是內心聰明智慧的表現，如果一清到底，光明透徹，這樣人的命運、事功也就是好的。如果神渾濁不明，內心的聰明智慧也沒有多少。或許可以製造一點無聊的笑料，卻不足以堪用。這樣的人就不足為論了。

神有餘的表現是，眼光清瑩流轉，目不斜視，眉毛清秀尾長，容色澄澈如冰泉，清如一泓秋水。處理事情時果斷剛毅，鎮定沉穩，臨危不亂。與眾人相處和和融融，卻又不為眾人所淹沒。沉著靜養，氣定神閑，言不妄發，性不妄躁，喜怒不動心，榮辱不變節。

神不足的表現是，似醉非醉，似醒非醒，頭腦渾濁不清。不愁似愁，經常憂心戚苦。似睡非睡，一睡便又驚醒。不哭似哭，經常哭喪著一張臉。不嗔似嗔，不喜似

喜，不驚似驚，不畏似畏。神色混亂不定，容儀濁雜不清，言語瑟縮寒滯，閃爍隱藏不定。面色初時花豔，繼而暗淡無光。

察神也不是一個靜態的過程，除了觀察眼光清瑩渾濁外，還要結合他的舉止言談，才不會有偏失。神有餘就有足夠充沛的精力來從事比他人更多的工作和學習。因此，能做出超過常人的成就來。

神情而足的人，才是有大智慧的上等人才。觀神時還有兩點要注意：一是先清後濁的人，也就是天資聰穎，但後天因為懶惰和驕傲而慢慢地變成了普通人；二是先濁後清的，也就是天資愚鈍但經過後天的努力，以勤補拙的人。曾文正即曾國藩就是這樣的人。

科舉出身的曾國藩在領軍行兵打仗時多從文人中選拔將領，因而一生結識的讀書人無數。「一身精神，具乎兩目；一身骨相，具乎面部」這句話簡單、平實，卻是他一生經歷的結晶。後世文人推崇曾國藩，僅此就足以理解一些文人對他的敬佩之心了。

【人才智鑑】

曾國藩觀江忠源

江忠源（西元一八一二～一八五四年），字常孺，號岷樵，湖南新寧人。本是讀書人，後成為湘軍中很有代表性的文人勇將。一八四八年，他開始辦團練，比洪秀全領導的太平天國金田起義（西元一八五一年）還早三年，而曾國藩本人是一八五三年才開始辦團練的。江忠源辦團練，是為鎮壓新寧縣的青蓮教起義。青蓮教首領雷再浩率眾起事，江忠源率鄉里團練（不算正規軍隊），一役便將雷再浩剿滅。由此授七品知縣，在浙江任職。

江忠源本在湖南一處偏僻的山中讀書，因參加科舉考試到了北京，以同鄉晚輩的身份去拜見曾國藩（當時曾國藩已是二品官員，而江忠源只是一個普通的待進科舉的讀書人）。見面後，兩人談得很投機，曾國藩也賞識江忠源的才華。江忠源告辭時，曾國藩目不轉睛地看著他離去，直到他走到門外。曾國藩對左右人說：「這個人將來會立名天下，可惜會悲壯慘節而死。」後來的史實印證了曾國藩觀察人的正確性。

太平軍在廣西起義後，一八五二年，江忠源帶兵進駐廣西，奔赴廣西副都統烏蘭泰帳下，準備狙擊節節勝利的太平軍。後來，曾國藩從北京給江忠源寫信，堅決反對他投筆從戎，認為他應「讀書山中」，而投筆從戎，「則非所宜」。他還動員朋友勸

阻江忠源，認為「團練防守」即為文人本分，他率兵去廣西，就是「大節已虧」。曾國藩為什麼要堅決反對江忠源投筆從戎，旁人以為他是「愛人以德」，不願江忠源文員奪武弁之制，還是否與他認為江忠源當會「悲壯慘節而死」有關呢？

江忠源與太平軍的第一次作戰，即大功告成。他率軍在廣西蓑衣渡設伏，重創太平軍，太平軍早期領袖南王馮雲山即犧牲於此役。江忠源因此以善帶兵而名聞朝廷。

由於江忠源追擊太平軍有功，軍功累積，由七品知縣迅速升遷至安徽巡撫（官級三品）。

一八五四年，太平天國勇將翼王石達開率兵迎戰曾國藩湘軍。江忠源防守廬州，被太平軍圍困，城破，江忠源苦戰力竭後，溺水悲壯而死。

曾國藩是根據什麼來判斷江忠源會「立名天下，當悲壯慘節而死」，現在已無從考證。但可以肯定的是，注視良久，肯定與察神有關，可見「文人先觀神骨」意義非常。

任何一位領導者，在考察人才方面都有其獨特的稟賦。不如此，就不足以成就事業。一個人的力量畢竟有限，領導者必須會鑑別人才，然後才能組建強有力的核心團隊，帶領他們沿著正確的方向前進。

【參考資料】

論神

神居內形不可見，氣以養神為命根；
氣撞血和則安固，血枯氣散神光奔；
莫標清秀心神爽，氣血和調神不昏；
神之清濁為形表，能定貴賤最堪論。

神與形、氣、血

形以養血，血以養氣，氣以養神，故形全則血全，血全則氣全，氣全則神全。是知形能養神，托氣而安也。氣不安，則神暴而不安，能安其神，其惟君子乎。寤則神游於眼，寐則神處於心，是形出處於神，而為形之表，猶日月之光，外照萬物，而其神固在日月之內也。眼明則神清，眼昏則神濁。清則貴，濁則賤。清則寤多而寐少，濁則寤少而寐多。能推其寤者，可以知其貴賤也。夫夢之境界，蓋神游於心，而其所遊之遠，亦不出五臟六腑之間，與夫耳目視聽之門也。其所遊之界，與所見之事，或相感而成，或遇事而至，亦吾身之所有也。夢中所見之事，乃吾身中，非出吾身之外也。白眼禪師說：夢有五境：一曰靈境；二曰寶境；三曰過去境；四曰見在境；五曰

未來境。神躁夢生，神靜則境滅。夫望其形，或灑然而清，或朗然而明，或凝然而重，然由神發於內而見於表也。神清而和，徹明而秀者，富貴之相也。昏而柔弱，濁而結者，貧薄之相也。實而靜者其神安，虛而急者其神躁。

論形有餘

形之有餘者，頭頂圓厚，腹背豐隆，額闊四方，唇紅齒白，耳圓成輪，鼻直如膽，眼分黑白，眉秀疏長，肩膊臍厚，胸前平廣，腹圓垂下，行坐端正，五嶽朝起，三停相稱，肉膩骨細，手長足方，望之巍巍然而來，視之怡怡而去，此皆謂形有餘也。形有餘者，令人長壽無病，富貴之榮矣。

論神有餘

神之有餘者，眼光清瑩，顧盼不斜，眉秀而長，精神聳動，容色澄澈，舉止汪洋。恢然遠視，若秋日之照霜天；巍然近矚，似和風之動春花。臨事剛毅，如猛獸之步深山；處眾迢遙，似丹鳳而翔雲路。其坐也如界石不動，其臥也如棲鴉不遙，其行也洋洋然如平水之流，其立也昂昂然如孤峰之聳。言不妄發，性不妄躁，喜怒不動其心，榮辱不易其操，萬態紛錯於前，而心常一，則可謂神有餘也。神有餘者，皆為上貴之人，凶災難人其身，天祿永其終矣。

論形不足

形不足者，頭頂尖蒲，肩膊狹斜，腰肋疏細，肘節短促，掌薄指疏，唇蹇額塌，鼻仰耳反，腰低胸陷，一眉曲一眉直，一眼仰一眼低，一睛大一睛小，一顴高一顴低，一手有紋，一手無紋，唾中眼開，言作女音。齒黃而露，口臭而尖。禿頂無眾髮，眼深不見睛。行步奇側，顏色萎怯。頭小而身大，上短而下長，此之謂形不足也。形不足者，多疾而短命，福薄而貧賤矣。

論神不足

神不足者，似醉不醉，常如病酒，不愁似愁，常如憂戚，不唾似睡。才睡便覺，不哭似哭，常如驚怖，不嗔似嗔，不喜似喜，不驚似驚，不癡似癡，不畏似畏，容止昏亂，色濁，似染癲癇，神色悽愴，常如大失，恍惚張惶，常如恐怖。言語瑟縮，似羞隱藏，貌兒低摧，如遭凌辱。色初鮮而後暗，語初快而後訥，此皆謂神不足也。神不足者，多招牢獄之厄，宮亦主失位矣。

第二節　神之邪正

古者論神，有清濁之辨

清濁易辨，邪正難辨
欲辨邪正，先觀動靜

【原典】

古者①論神，有清濁③之辨。清濁易辨，邪正④難辨。欲辨邪正，先觀動靜；靜若含珠，動若水發⑤；靜若無人，動若赴的⑥，此為澄清到底。靜若螢光，動若流水，尖巧而喜淫⑦；靜若半睡，動若鹿駭⑧，別才而深思⑨。一為敗器，一為隱流⑩，均之托跡於清，不可不辨。

【注釋】

①古者：古代的人們。

②神：指人的精神狀態，這裡指人的眼神。

③清濁：這裡指人目光的截然不同的兩種狀態，一種是清涼晶瑩，炯炯有神，另一種是渾濁呆滯，閃爍不定。

④邪正：這裡指從人的精神狀態中流露出來的剛正無私與奸邪貪厭的兩種不同的心性。

⑤含珠：眼睛就像珍珠一樣明亮有神。水發：眼睛一眨就像春水微蕩清波一樣。

⑥赴的：赴，指奔赴，趕到。的，指目標，或說是箭靶子。赴在這裡引申為飛向箭靶子，意為目光堅定鎮定。

⑦尖巧：指人善於機巧和偽裝。

⑧鹿駭：像奔跑的鹿一樣驚恐不安。

⑨別才：有能力、有才智卻並沒有走正道的人。深思：掩飾自己內心的想法，不想讓別人知道。

⑩敗器：原指損壞的東西，這裡指人品低下、行為不端的人。隱流：這裡指包藏禍心的人。

【譯文】

古之醫家、文人、養生者在研究、觀察人的「神」時，一般都把「神」分為清純與昏濁兩種類型。「神」的清純與昏濁是比較容易區別的，但因為清純又有奸邪與忠直之分，所以奸邪與忠直則不容易分辨。因此要考察一個人是奸邪還是忠直，應先看他處於動靜兩種狀態下的表現。眼睛處於靜態之時，目光安詳沉穩而又有光，真情深蘊，宛如兩顆晶亮的明珠，含而不露；處於動態之時，眼中精光閃爍，敏銳犀利，就如春木抽出的新芽。雙眼處於靜態之時，目光清明沉穩，旁若無人。處於動態之時，

目光暗藏殺機，鋒芒外露，宛如瞄準目標，一發即中，待弦而發。以上兩種神情，澄明清澈，屬於純正的神情。兩眼處於靜態的時候，目光有如螢火蟲之光，微弱而閃爍不定；處於動態的時候，目光有如流動之水，雖然澄清卻遊移不定。以上兩種目光，一是善於偽飾的神情，一是奸心內萌的神情。兩眼處於靜態的時候，目光似睡非睡，似醒非醒；處於動態的時候，目光總是像驚鹿一樣惶惶不安。以上兩種目光，一則是有智有能而不循正道的神情，一則是深謀圖巧又怕別人窺見他的內心的神情。具有前兩種神情者多是有瑕疵之輩，具有後兩種神情者則是含而不發之人，都屬於奸邪神情。可是它們卻混雜在清純的神情之中，這是觀神時必須仔細加以辨別的。

【評述】

眼睛的重要性，不僅表現在清濁上，而且還表現在邪正上，即透過眼神也可以看到一個人品性如何。

「欲辨邪正，先觀動靜。靜若含珠，動若水發；靜若無人，動若赴的，此為澄清到底。靜若螢光，動若流水，尖巧而喜淫；靜若半睡，動若鹿駭，別才而深思。一為敗器，一為隱流，均之托跡於清，不可不辨。」

觀察邪正，要分別看其處於動靜兩種狀態時的眼神。心靈純正無瑕之人，當他屏息靜氣、無所用心時，眼神是安詳而從容的，英華內斂，含而不露，兩顆清澈無邪的眼珠就如兩粒熠熠生輝的珍珠。當他心有所動、言之將發時，眼神會精光凝聚，敏銳而充滿生機，就如春天的楊柳正在抽芽。這樣的人，是天性無損的人。這樣的眼神，我們常常可以從小孩子那裡看到。

還有一種眼神，是內心修為非常好的表現。靜靜地交流時，眼神不為他人所左右，淡定如秋日的湖水。白雲飄過，秋葉零落，都會映照在湖心，卻不會激起絲毫漣漪。當其突然決定有所行動時，眼神驟然間閃耀出犀利的光芒，凌厲而懾人，去勢如箭，直奔靶心。這樣的人，是心無雜念的人。這樣的眼神，我們往往可以從忠直有為的將相那裡讀取。

無論是天性無損，還是心無雜念，都是表裡如一、抱守難撼、動靜無礙的表現，故曰「澄清到底」。

相反，品行有瑕疵的人，很難掩飾其內心的慌亂，所以與之凝神相望時，其眼神就會閃爍不定，恍如夏日的螢光，難以長時間集中，更難做到寂然無他。當其向人表達自己的觀點時，因為心口不一，心氣不定，有愧疚之感，所以眼神不敢正視他人，不停地掃顧周圍事物，尋找能讓他安下心來的目標，眼神就會如流水般忽明忽暗，流轉不定。

還有一類人，是屬於心計很深的人。因為城府深，不肯以真面目示人，所以與之交流時，發現其眼睛經常是半睜半閉、時開時闔的，偶爾從城門中瀉出的光芒，也往往包含有狡黠、自負、輕蔑、多疑等種種繁複的譜系。當你猛然間提到一個關鍵問題，將其從半思索的狀態中拉回時，他會如受驚嚇的麋鹿，十分慌張。這樣的眼神，是邊聽取、邊思考、邊狐疑、邊暗自盤算的眼神，非常值得當心。這樣的人，有很高的智慧，但其智慧卻沒有用到正路上去，也即所謂「別才而深思」者。

「靜若含珠，動若水發」的境界高於「靜若無人，動若赴的」境界。前者靜柔溫和，有盛德中庸之態，屬於大哲大慧的聖賢境界，是王者之氣；後者則屬智勇雙全的豪傑境界，有旁若無人、盛氣凌人的狀態，是霸者之氣。

「靜若螢光，動若流水，尖巧喜淫」屬小智小奸之人，奸心內藏而偽飾，總還有漂移不定的蹤跡可尋，不至於有大礙；「靜若半睡，動若鹿駭，別才而深思」，容易與端莊厚重混淆，「動若駭鹿」又可能與雷厲風行、辦事幹練同形，這與刻意掩飾就不一樣了。這種大智大奸的人沉得住氣，不到時機成熟不會發難。平常是端莊厚重、一身正氣的樣子（而且無需掩飾），有很大的欺騙性。

「一為敗器，一為隱流」，第一種屬「敗器」，有才能而心術不正，稱之為「器」，就意味著有形可察；第二種屬「隱流」，是大智大奸的人，奸心深藏心底，絲毫不外揚，因而稱其為「隱」，表示無跡可尋。如此看來，器為下，因為有跡可尋，隱為上，因為無跡可依，更難以識別。

正邪的對比在於：神清而定，神濁而浮。

神不足的，會在故意振作後中斷，如水滴一般；神有餘的，自然流蘊而不斷絕，如長江大海。考察一個人的精神要注意：在動時，要看瀟灑豪邁氣概的真假，是自然而然，還是裝腔作勢；在靜時，要看靜中有沒有浮躁之氣。

成功，要靠平靜安全的正道取勝，奇兵只能用於非常時期。「以奇始，以正合」，奇的目的也是正。奇固有傳奇色彩，但四平八穩的「正」才是根本之道。用人也是如此，亂世用奇，治世用正。

對「神」的要求有這麼幾點：一要含蓄而不晦澀，二要安穩而不呆板，三要神氣飛揚而不輕佻，四要神清氣淡而不乾枯，五要和藹可親而不懦弱可狎，六要正氣凜然而不兇橫，七要性情堅毅而不剛愎。

精、氣、神、血的穩定性是一個較長期的過程。如果四者長時間浮躁不定，精力不能集中，做事效率低，才能得不到充分發揮，事業興衰可想而知，長此以往，命運的通達蹇滯不言自明。反之，精、氣、神、血四者旺足，生命狀態奇佳，精神高度集中，處於亢奮狀態，就可以激發體內潛能超水準發揮，平常有五分能力，突然間會暴

漲至七、八分，事業自然會順利發達。成績平平的學生在關鍵一役會考出高分，精神亢奮的運動員會做出驚人神技，原因就在於此。精神足與不足，影響到才能發揮，從而決定一個人的事業和命運。

當然，「神」與「精神」還不完全等同，「神」綜合表現了一個人的生命力、行動力、意志力和思考力，乃是一種看不見、摸不著的東西。它主要集中在人的面部五官，尤其是人的眼睛中。俗語云：「眼睛是心靈的窗戶」，說得不錯。但是，經由各種磨練的人的「神」也會發生變化，內在的智慧、閱歷、才識和信心增長後，神也會更加精明清澈，豐厚純熟。也就是說，對於一個人，不可輕視其後天的影響與變化。有缺陷的人經過一些後天的調理與休養，可以臻至完美。應該說，一個人的生命力是其成才的基礎，行動力是成才的武器，意志力是成功的動因，思考力是一切的統帥。四者協調發展，一個人的神只會慢慢成熟和純粹。讀書人受學理和德行薰陶日久，便會呈現一種特殊的「神氣」，一臉正氣；其他行業的人主要經受風雨事變，世事實踐的洗禮，他們的神除了表現在五官和眼睛之外，還在身形體態上有一定的表現。

一個人「神」的充足與否，幾乎決定了一個人的成功與失敗。當然，對於一個人的「神」尚有「清濁」之分。神清氣爽，體清人妙，當然是好的。這樣的人自然聰明，而且能夠得到人們的喜歡與親近；神錯而濁，則顯得遲鈍和愚笨，自然會受人輕視。但曾國藩認為，一個人的神可以經過後天學習和磨練，由「濁」變「清」；相反，天性聰穎的「神清」之人，如果在後天得不到鍛煉和運用，就會逐漸生出「銹蝕」來，俗語說：「水不流則腐」，正是如此。曾國藩此論，頗有辯證法思想。

對於神由「濁」到「清」的變化，曾國藩本人就是一個典型的例子。曾國藩七歲時，他的父親因他多次童試不第，憤然立私塾授書，曾國藩就隨父讀書，前後八年之久。曾國藩因為父親，早年的信心連遭重創，他的父親也知道曾國藩天分有限，教起書來也特別重視一些反覆記誦的笨辦法。就這樣，父子夜則同榻，日則同行，時時不忘考較曾國藩的功課。曾國藩幼年生性魯鈍，才思遲緩，只是性格倔強，不肯認輸。有時隨口問他一個問題，一時半會兒答不上來，他就會窮數日之功苦思冥想，終獲釋解疑後再去回答，反而將提問者弄得摸不著頭腦。

曾國藩是一個倔強的人，很有韌性。這是「神」有餘的一種表現：他曾為自己倔強的性格寫過一副對聯：養活一園春意思，捍起兩根窮骨頭。

曾國藩不承認天生的天才，而主張後天的努力和磨練。認為沒有韌性，靠輕取輕進而成功的人，因初時太順利而輕敵。因經驗累積不夠，心理成熟也不夠，又不願再付出艱苦勞動，成就難以通天，一如江郎才盡。而認為一寸一分地積累功夫的人，表面看來比那些投機取巧、輕取輕進的人似乎又鈍又遲，甚至有點迂，但功底深厚，厚

積薄發，必成大器。對於絕大多數並非天才的人來講，這是成才的正道。

一般來說，一個人神的「清濁」尚易分辨，但要從一個人的神去分辨「正邪」就比較困難了。曾國藩總結經驗說，一個人的「神」如果是一清到底、端莊厚重的，大都是忠正賢良之輩；反之，神采變幻不定、目光遊移旁顧、靜若半睡、動若駭鹿，則一定心存奸詐。

【人才智鑑】

方仲永的故事

金溪有個平民叫方仲永，他家世代以種田為生。

方仲永長到五歲時，不曾見過書寫工具，忽然哭著要這些東西。父親對此感到十分驚異，就從鄰近人家借來給他，他當即寫了四句詩，並且寫上了自己的名字。這首詩以贍養父母、團結同宗族的人為內容，傳送給全鄉的秀才觀賞。

從此有人指定事物叫他寫詩，他能立刻完成，詩的文采和道理都有值得欣賞的地方。同縣的人對他感到驚奇，漸漸地請他的父親去做客，有人用錢財和禮物求仲永寫詩。

他的父親認為那樣有利可圖，每天牽著方仲永四處拜訪同縣的人，不讓他學習。

多年之後，當王安石回到舅舅家見到方仲永的時候，他已經變得和普通人一樣了。

這個例子更好地說明了天性聰穎的方仲永就是由「清」變「濁」了，變得沒有文采、沒有靈感和詩意。

第三節　神存於心

不了處看其脫略，
做了處看其針線
小心者，從其不了處看之
大膽者，從其做了處看之

【原典】

凡精神，抖擻①處易見，斷續處難見。斷者②出處斷，續者③閉處續。道家所謂「收拾入門」之說，不了處④看其脫略，做了處⑤看其針線。小心者，從其不了處看之，疏節闊目⑥，若不經意，所謂脫略也。大膽者，從其做了處看之，慎重周密，無有苟且，所謂針線也。兩者實看向內處，稍移外便落情態矣，情態易見。

【注釋】

①抖擻：精神振作的人。

②斷者：精神不充沛的人。

③續者：精神充沛的人。

④不了處：指沒有做的方面。

⑤做了處：指做的方面。

⑥疏節闊目：疏忽細節，不精細，欠周密。

【譯文】

一般來說，觀察識別人的精神狀態，那種只是在那裡故作振作者，是比較容易識別的，而那種看起來似乎是在那裡故作抖擻，又可能是真的精神振作，則就比較難於識別了。精神不足，即便它是故作振作並表現於外，但不足的特徵是掩蓋不了的。而精神有餘，則是由於它是自然流露並蘊含於內。道家有所謂「收拾入門」之說，用於觀「神」，要領是：尚未「收拾」，要著重看人的輕慢不拘，已經「收拾入門」，則要著重看人的精細周密。對於小心謹慎的人，要從尚未「收拾入門」的時候去看他，這樣就可以發現，他愈是小心謹慎，他的舉動就愈是不精細，欠周密，總好像漫不經心，這種精神狀態，就是所謂的輕慢不拘。對於率直豪放的人，要從已經「收拾入門」的時候去看他，這樣就可以發現，他愈是率直豪放，他的舉動就愈是慎重周密，做什麼都一絲不苟，這種精神狀態，實際上都存在於內心世界。但是它們只要稍微向外一流露，立刻就會變為情態，而情態則是比較容易看到的。

【評述】

人的精神狀態有兩種，一種是自然流露，另一種是故意抖擻，故意振作，它們都比較容易區分。難區分的是另外一種，它介於假振作與真流露之間。這種狀態看起來有點像是故意振作的樣子，但又不是真的精神抖擻，中間的分寸很難去把握。這也就是為什麼有的人看起來像是有很大的才能，但又不是真的有才能；看似奸詐，實際上這個人卻是忠心耿耿的人。

「凡精神，抖擻處易見，斷續處難見。」「抖擻處易見」，指的是前面講到的故意抖擻。「斷處」，指精神振作起來，但後繼乏力，神不充沛，因而不能持久，振作起來的精神一下子泄了氣，但重新振作又不能立刻補充。「續處」，指精神狀態自然流露，因淵源深厚，後繼有力，能夠持久，是神充沛有餘的表現。

「斷者出處斷，續者閉處續。」「斷者」，可以理解為神不足。神不足，會因後

繼乏力而暫時中斷。續者，就相當於神有餘，不會因後繼無力而中斷。神不足，中斷的地方恰是它重新振作之處。神有餘，接續不斷的地方正是看似要關閉之處。這是判斷神有餘與神不足的根基處。

「道家所謂『收拾入門』之說」，可以這樣理解：考察人物的心性才能，要待他把事做定之後再下結論，不可只持初端就做判斷。

「不了處看其脫略」。「不了處」，指事情尚在進行中，還沒有完成。脫略，灑脫、漫不經心的樣子。這句話的意思是，在事情還沒有完成的時候，應看這個人的處事態度和處事方式，看他是瀟灑自如、胸有成竹，還是垂頭喪氣、意志消沉。如果在事情的發展過程中能信心十足地把握住未來的發展方向，即使有困難、有壓力，有這種好的心態，事情的發展前景也是值得期待的。

「做了處看其針線。」針線，古代指女紅，從婦女們的針線活做得粗糙還是精細，能判斷這個人是否善於持家，這裡喻指做事的方法是否精細。事情還沒有結束的時候，考察的是一個人的心態；事情完成了，就要看事情的結果，同時也要看他在處理問題時所運用的方法和手段。如果只以成敗論英雄，必然會錯失未顯達時的管仲、張良（管仲在沒有輔佐齊桓公之前，沒有取得較大的成功，在社會上也沒有多大的名氣；張良在沒有遇劉邦之前，刺殺秦始皇也沒有成功）。事情的成功與否時常會受到許多外界偶然因素的影響，運氣好時，外界的因素會促進事情朝好的一方面發展，促使事情的成功。如果仔細考察一個人做事的方法和手段，有些人即便他這次沒有取得成功，但他這樣的人也是值得期待的。計畫周密、膽大心細的人，即使這次沒有成功，下次肯定會成功的。下次沒有成功，他總會有成功的一天的。有的人才能很好，能力很強，只是時機不好，如果時機成熟了，他的才能就會顯現出來了。

「小心者，從其做不了處看之。」有粗心大意的人，也有過分小心的的人。很多人看不起過分小心的人。但小心的人是否就真的是一無是處呢?絕對不是的。過分小心，固然讓人生氣，但至少不會造成什麼損失。一點一滴地積累，才有泰山之高、江海之廣。大膽冒進的人，雖然很有氣概，也很有勇氣，但稍一疏忽，就可能毀掉一切。因此，對小心者的考察，應從他做不了的事情上來看。

「疏節闊目，若不經意，所謂脫略也。」小心的人，本應該是細心周到的人，這也應是他的優點。但如果失敗原因恰好在於他考慮欠周全、計畫不精密，那就屬於才力不夠、心思欠佳、缺乏闖勁的原因。這種小心者，難以擔當重任，可做局部性輔助工作。

「大膽者，從其做了處看之。」「大膽者」，有勇氣，有魄力，也敢冒險，敢放手一搏，不怕損失，缺點是易於輕率冒進，而造成大量不必要的損失。考察這類人

才，就要從他們做得了的事情中去察看。

「慎重周密，無有苟且，所謂針線也。」看他是一味魯莽而僥倖成功，還是靠膽大心細、計畫周密而成功。一個大膽冒進的男子，如果還能做得一手精細漂亮的針線活，也算得上一絕，這種男子就必然不是「冒進」之人，而是膽大心細的優秀性格，是雙重性格的最佳拍檔、最佳組合。

「兩者實看向內處，稍移外便落情態矣，情態易見。」以上考察小心者和大膽者，表面是在看他們的行動和做事方法，實際上是由外向內在考察他們是神有餘還是神不足。神有餘的小心者，有足夠的精力來面對繁雜事務而充分發揮心思周密之長；如果神不足，則後繼乏力，難以善始善終。大膽者，如果神有餘，除在一味勇猛之外，有足夠的心思和精力注意若干重要的細節問題，這是平穩取勝的上策。大膽者如果神不足，表現出來就是魯莽有餘，心細不足，同樣不能擔當重任。小心者神不足，也可能坐失良機。

一個人的精神狀態是最難辨別的。比如，我們看精神病人覺得他們不正常，但反過來想想，他們不也是覺得我們不正常嗎？或許我們看起來正常的大多數人中，就隱含著不正常的因素。所以說，這只是相對的。許多不符合常理的東西，如果人們見得多了，也就成了正常。走路時用大踏步的方式行進的人，其身體非常健康，心地也很善良，此種人十分好勝而頑固。

走路姿態非常柔弱的人，精神也十分衰弱，即使他的體格很健壯。當他一遇到精神上的打擊，就立刻會崩潰。

拖著鞋子走路的人，抑或說是鞋跟磨損較嚴重的人，缺乏積極性，不喜歡變化。此外，這種人也沒有什麼特殊的才能，在命運方面容易受阻。不過，從足腳力學的觀點來看，此種姿態在醫學上有重大意義，關於這一點我們將在後面詳細介紹。

以小快步伐行走的人性情急躁，或許是由於腿短的原因所致。不過，走得快的話，心情自然較為急迫。就好像「先悲而後泣，後泣而先悲」，悲與泣是有因果關係的。

與小快步相反，喜歡邁大步且順一直線悠哉遊哉步行的人，如果是女人這樣走路，那麼她的獨立心很強，而且不太顧家。

行進時步伐零亂的人，其神經不太健全，通常會背叛其親長，或遭到破產的命運。

一面走路一面回頭看的人，其猜忌心與妒嫉心特別強烈。

步行時上身很小擺動的人，為長壽之相。同時，這種人也較具有蓄財之心。

走路時將身體往前弓的人，在其往後命運中的運勢不會太好。

走路時把右肩抬起來的人，是權威主義者。古代時的官吏或教師大多屬於此類。又如我們在公車上站著的一些形態。

不抓吊環，而僅抓環上的皮革的人，可說是潔癖家，他覺得環圈任何人都拉，一定有細菌。他也是個欲意極強的人。

只用指尖勾住吊環的人，其獨立自主心極強。如果是男性，他個性比較高傲，雖然他有時也聽別人的話，但決不附和雷同。

緊握吊環的人，喜歡將手與吊環完全接觸，如此他可獲得掌握感。他的獨佔欲比他人加倍強烈，同時他也十分希望得到安定的生活。

一個人一隻手抓兩個吊環的人，其依賴心很強，或是意志薄弱的人，或是他已非常疲勞了。

用指尖捏著吊環，無論電車如何晃動，他都站得極穩，他的手指只不過是形式上的動作而已。他是非常慎重的人，不太依賴別人，同時作任何事都是考慮得很周到。

雖然抓住了吊環，但手卻不停地在動的人，是有神經質的人，也表示出他內心十分不穩定。

【人才智鑑】

曾國藩抖擻精神

有一段時間，曾國藩的事業處於舉步維艱、奄奄一息的低谷，始終打不開局面。幕僚接踵離去，而且還有人陸續辭別，整個曾氏幕府門庭冷落、死氣沉沉。留下的人，有的是踏實跟定曾公的人，有的是冀望形勢能好轉的人，也有的是懼怕曾公怪罪而不敢離開的人。

面對如此局面，曾國藩可謂是焦頭爛額了。可是，作為主帥如果跟著大家一起消沉，情勢就會越來越糟。為了振作士氣，他最後還是精神抖擻地站了出來，對大家說：「大勢如此，我也無可奈何。為了不耽誤大家的前程和生計，各位願意留的就留下來，願意走的就走，我絕不勉強。有想要暫時休假的，也可以先支領三個月的薪水，回家待命。等到形勢有所好轉，仍然可以再回到這裡，我心中絕不會介意。」

幕僚們聽到這樣坦誠的告白，很受感動，都淚流滿面，誓死效忠。連原先因害怕曾國藩秋後算帳而不敢離開的人也心甘情願地留了下來。大家患難與共，最終還是慢慢度過了難關。

第四節　論骨

在頭，以天庭骨、枕骨、太陽骨為主
在面，以眉骨、顴骨為主
五者備，柱石之器也

【原典】

骨有九起[①]：天庭骨隆起，枕骨強起，頂骨平起，佐串骨角起，太陽骨線起，眉骨伏犀起，鼻骨芽起，顴骨若不得而起，項骨平伏起。在頭，以天庭骨、枕骨、太陽骨為主；在面，以眉骨、顴骨為主。五者備[②]，柱石之器[③]也；一則不窮；二則不賤；三則動履稍勝；四則貴矣。

【注釋】

①九起：意思是九種不同的凸起方式。
②五者：五種骨相。備：指完美無缺。
③柱石：頂樑柱，引申為國家的棟樑之才。

【譯文】

九貴骨各有各的姿勢：天庭骨豐隆飽滿；枕骨充實顯露；頂骨平正而突兀；佐串骨像角一樣斜斜而上，直入髮際；太陽骨直線上升；眉骨骨棱顯而不露，隱隱約約像犀角平伏在那裡；鼻骨狀如蘆筍竹芽，挺技而起；顴骨有力有勢，又不陷不露；項骨平伏厚實，又約顯約露。看頭部的骨相，主要看天庭、枕骨、太陽骨這三處關鍵部位；看面部的骨相，則主要看眉骨、顴骨這兩處關鍵部分。如果以上五種骨相完美無缺，此人一定是國家的棟樑之材；如果只具備其中的一種，此人便終生不會貧窮；如果能具備其中的兩種，此人便終生不會卑賤；如果能具備其中的三種，此人只要有所作為，就會發達起來；如果能具備其中的四種，此人一定會顯貴。

【評述】

相骨是透過觀察或揣摸骨骼來斷人命祿的看相方法。古代相學中曾有「相人之身，以身為主」的說法。有人甚至把看相就稱為相骨，東漢王充所著《論衡》中「相骨」一章，即泛指相學。古代相骨最注重考察骨與肉的關係，借用陰陽之理，以骨肉相稱為陰陽相符，屬善相。骨不堅肉或肉不輔骨為陰陽失調，屬破相。相學中所相之「骨」有別於現代生理解剖學中的骨骼系統，主要指頭部特定的十餘塊骨骼。相骨的

具體方法主要有兩種。一是目察。相傳唐宣宗時宰相路岩與駙馬于悰不和，路借宴客之機請相士丁重暗中替于看相。丁重後謂于旬月之內必遷宰弼之任。路不信，丁正色道：「豈將人事可以斟酌，某比不熟識於侍郎，今日見之，觀其骨相，真為貴人。」路聞言心虛，連忙改變策略，與于言和，後來于悰果然為相。可見丁重所用乃目察之法。一是以手捫骨，或謂之揣骨。操此法多為盲眼術士。唐韋絢《嘉話錄》載：「（唐）貞元末年，有瞽目者稱骨相山人，人求相，以手捫之，必知其貴賤。」明陸粲《庚巳編》亦載：「虎丘半塘寺有僧兩目皆盲，善揣骨，言人貴賤禍福多奇中。」清觀奕道人所著《灤陽消息錄》，認為古代相骨術於南北朝時已廣為流行，興起或當更早。現有史料證明，相骨術至晚起於漢代，發展於魏晉南北朝，極盛於唐代，此後歷代不衰，且與整個相術體系融合，成為相學中最重要的內容之一。

骨相又稱骨格、骨法，指人的骨骼特徵所反映的命相。古人認為，人的骨骼好壞關係到壽夭貴賤，吉凶禍福。《史記．淮陰侯列傳》載：「蒯通以相人說韓信曰：『貴賤在於骨法，憂喜在於容色』。」因此，古人看相十分重視對骨相的考察，有「骨格定一世之榮枯」的說法。古代相學認為，決定骨相優劣最重要的因素是骨與肉的相互關係。陳永正《中國方術大辭典．相術》引《照膽經骨論》曰：「骨者，四體之幹，所受宜清滑長細，內外與肉相稱。若骨沉重粗滯而皮肉厚者，近於濁也。若骨堅立輕細而皮肉薄者，又近於寒也。大抵要聳直不橫不露，與肉相應者，方為善相。」古代相學所稱之骨，不同於現代生理解剖學中的骨骼系統，雖然包括「四體之幹」，但主要指頭部特定的十塊骨骼。北宋劉斧《定命錄》云：「天寶十四載，陳陽縣瞽者馬生捏造自勤頭骨，知官祿。」可見在古代的觀念中，頭骨與人命祿的關係最大。十塊頭骨中，位於腦後突起部的一塊名為「玉枕」，可分為二十餘種類型，每類都有不同的命運含義。相傳唐代中書令房玄齡即因「腦後玉枕雙雙必見」而為大貴之人。宋代張堯封面相甚好，後腦卻無玉枕骨，相士陳摶因之謂其本當身貴子榮，則因前後不應，乃為破相。除玉枕外的其餘九塊頭骨在相學中謂之「九骨」，凡「九骨」豐隆聳起者皆為貴相。《後漢書．梁皇后記》云：「永建三年，與姑俱選人掖庭，時年十三，相工茅通見後，驚，再拜賀曰：『此所謂日角偃月，相之極貴，臣所未嘗見也。』」「日角」，即「九骨」之一。考定「九骨」並非易事，還須與人的精神氣質、品德才智方面的特徵結合起來，然後一一核算，方能測斷出人的命祿等級。

九骨是指頭部與人命運關係極大的九種骨相。相書《月波洞中記》曰：「所謂九骨者，一曰顴骨，二曰驛馬骨，三曰將軍骨，四曰日角骨，五曰月角骨，六曰龍宮骨，七曰伏犀骨，八曰臣鼇骨，九曰龍角骨。」相學認為，此九骨豐隆聳起者為貴相之人。《後漢書．光武帝紀》謂光武帝劉秀：「身長七尺三寸，美鬚目，大口，隆

准，日角。」日角，即九骨之一。考定九骨，辨人命祿，還須參照人的九行。所謂九行，即人的精神、魂魄、形貌、氣色、動止、行藏、瞻視、才智、德行等九類精神氣質方面的特徵。九骨與九行相配，又構成九成。凡精采分明為一成，魂神慷慨為二成，形貌停穩為三成，氣色明淨為四成，動止安祥為五成，行藏含義為六成，瞻視澄正為七成，才智應速為八成，德行可法為九成。成數的多少，也就代表命祿等級的高低，通常地說：「九成八成臣中尊，五成六成臣中臣，三成四成五品人，一成二成有微動，有之不成不白身，無成無骨永沉淪。」相學中又將這種以九骨與九行相配來確定人的命祿等級的方法稱為九成之術。

【人才智鑑】

查繼佐識別吳六奇

清代的查繼佐慧眼識英雄，濟人於難，最終也為自己免去了一場牢獄之災。故事從查繼佐參與修訂《明史》一案開始的。

喋血莊氏《明史》案，是清初最大的一起文字獄，被凌遲、斬決的達七十多人，震驚華夏。事源起於浙江湖州府南當鎮上的莊廷瓏。他很有抱負，不料一場大病導致雙目失明之後，意外地得到明朝相國朱國禎修撰的《明史》的最後幾十卷手稿。莊廷瓏立志學左丘明盲目著《國語》的事蹟，聘請江浙文人吳之銘等十多人，對該稿進行整理和潤色，更名為《明史輯略》，署上莊廷瓏並江浙十八名士的名字刻印刊行，其中就有江南名士查繼佐（即查伊璜）的名字。可惜莊廷瓏未見到《明史輯略》正式出版就去世了。

雖然修史諸人已將文中不利於清廷的文字一一刪去，但字裡行間仍讀得出懷念前朝、揚明貶清的意味。更大的問題是，文中曆年仍按明代年號編排，稱清先祖和清兵為「賊」，稱清為「後金」等等。湖州人士吳之榮抓住這個漏洞，想借此升官發財，將「反書」告了上去，一直告到刑部。參加修訂工作的十多人自然脫不了干係，因牽連入獄的達二千多人，處死的有七十多人。列名參訂的十八人除查繼佐外，無一倖免（時莊廷瓏已死，被開棺戮屍）。

查繼佐能夠在這場文字獄中逃脫厄運，是與他數年前結識吳六奇有重要的關係，當然他那時候還不知道那個人就是吳六奇。

那年歲末，天降大雪。查繼佐獨自飲酒，頗覺無聊，到戶外走賞雪景，見一乞丐在屋簷避雪。那個乞丐雖只穿了一件破舊單衣衫，在寒風雪凍中卻絲毫不以為意。走近一看，查繼佐見他生得身材魁梧，骨格雄奇，心下非常奇怪，便對那位乞丐說：「雪一時不會停，去喝杯酒如何？」乞丐爽快地答應了，無絲毫忸怩受寵之態。乞丐

喝了二十多碗仍無酒意，查繼佐卻已趴在了桌子上。

第二天醒來，查繼佐忙去瞧那位乞丐，見他正在園裡負手賞雪。寒風吹過，查繼佐只覺冷氣入骨，那乞丐卻是泰然自若。查繼佐說：「天寒地凍，兄台衣衫未免過於單薄。」當即解下身上的羊皮袍子披在他的肩上，又取十兩銀子，雙手奉上，說：「這些買酒之資，兄台勿卻。何時有幸，請再來喝酒。」那乞丐大大方方接過銀子，道聲「好說」，也不言謝，揚長而去。

原來這乞丐身負絕世武功，名叫吳六奇，一時落魄江湖，受阻於風雪中，後因軍功累官至廣東提督，在《明史》一案牽連到查繼佐時，出面救助了他。查繼佐雖為一時之興，未必真識出吳六奇的才幹氣運，但仍有「那乞丐非一般可比」的見識意氣，因此在《明史》一案中逃脫性命。

查繼佐看到吳六奇「身形魁梧，骨骼雄奇」，並從古人關於筋與骨的論述中，推斷出吳六奇是個「非一般可比」的人。

第五節　論骨色

骨有色，面以青為貴

骨有質，頭以聯者為貴
此中貴賤，有毫釐千里之辨

【原典】

骨有色，面①以青為貴，「少年公卿半青面」是也。紫次之，白斯下矣。骨有質，頭以聯②者為貴，碎次之。總之，頭上無惡骨，面佳不如頭佳。然大而缺天庭③，終是賤品；圓而無串骨，半④是孤僧⑤；鼻骨犯眉，堂上不壽。顴骨與眼爭，子嗣不立。此中貴賤，有毫釐千里之辨。

【注釋】

①面：指人的面部顏色。
②聯：意為相互關聯、氣勢貫通。
③缺天庭：是說天庭不飽滿。
④半：這裡是泛指，意思是大概、多半。
⑤孤僧：僧人無家無業，沒有妻子兒女，所以這裡稱為孤僧。

【譯文】

骨有不同的顏色，面部顏色，則以青色最為高貴。俗話說「少年公卿半青面」，就是這個意思。黃中透紅的紫色比青色略次一等，面如枯骨著粉白色則是最下等的顏色。骨有一定的氣勢，頭部骨骼以相互關聯、氣勢貫通最為高貴，互不貫通、支離散亂則略次一等。總之，只要頭上沒有惡骨，就是面再好也不如頭好。然而，如果頭大而天庭骨卻不豐隆，終是卑賤的品位；如果頭圓而佐串骨卻隱伏不見，多半要成為僧人；如果鼻骨沖犯兩眉，父母必不長壽；如果顴骨緊貼眼尾而顴峰凌眼，必無子孫後代。這裡的富貴與貧賤差別，有如毫釐之短與千里之長，是非常大的。

【評述】

曾國藩指出，觀察一個人的「骨」，能識別他的強弱。「骨」健，其人強壯，「骨」弱，其人柔弱。曾國藩在鑑識人才時，認為「神」和「骨」是識別一個人的門戶和綱領，有開門見山的作用。他經常將「筋」和「骨」聯在一起來評斷一個人的力量勇怯。

曾國藩所說的是否有道理呢？我們知道，由於中國古代哲學、醫學、文化之間千絲萬縷的聯繫，「色」又與五行、五性、五臟、四時相配合，具體如下：

一曰水，五性上是精，五臟屬腎，顏色為黑，方向為北，旺在冬季；

二曰木，五性上是魂，五臟屬肝，顏色為青，方向為東，旺在春季；

三曰火，五性上是氣，五臟屬心，顏色為赤，方向為南，旺在夏季；

四曰土，五性上是意，五臟屬脾，顏色為黃，方向為中，旺在四季末；

五曰金，五性上是魄，五臟屬肺，顏色為白，方向為西，旺在秋季。

還有一種說法，是專論骨「色」的，認為骨色來自「六氣」。而所謂「六氣」，即青龍、朱雀、勾陳、螣蛇、白虎、玄武。

這六種氣中，以青色為美、為佳。這是因為，在中醫理論中，青色的五行屬木，人體五臟的肝也屬木，因而肝與青色與木與春天是有聯繫的。春天，萬物生發，一片生機勃勃；肝在體中是造血的器官，是生命力旺盛的潛機，因而青色是生命的象徵，所以古人把青色作為最美、最佳的顏色。

曾國藩指出，識人、知人應觀其形，然後通其神，所以相人之術就主要是考察一個人的氣質、性情、才氣、骨氣、度量、心性等方面，這在中國古代的相人之術中稱為「品藻」。所謂「品藻」就是根據一個人的外觀和行事的方式對人加以評論。「品藻」以識人，濫觴於東漢，盛行於魏晉。那時「品藻」人物，就是用極簡單的詞語，對一個人或氣質、或性情、或才氣、或骨氣、或度量、或心性加以概括總結。比如說

某某人「高潔」，某某人「狷介」，某某「曠達」，或「真獨簡貴」，某某有「高韻」等等，但「品藻」人也不都這麼簡單，也會討論到一個人的各種品性之間的關係，這可以更為準確地認識一個人。比如談一個人的妻子，則說她「才拙而性剛，聚斂無厭，干豫人事」。再比如說一個人「才不稱量」，就是說一個人的才能與他的氣量不相稱，或者才高而氣量小，這種人一般都心胸比較狹小，對人不太寬容；氣量大而才小，則必無所成就。何晏是魏晉時名流雅士，但世人對他的評價則是：巧思而損其質。意思是說這人的思維機巧，但損害了他的質樸，所以他雖為名士，但有輕佻之嫌。嵇康是晉代的大文學家，也是當世的名士，但有人在「品藻」他時認為他「雋而傷其道」，意思就是說嵇康這人才性卓然超群，雋秀超拔於眾，而與他信奉的老莊自然之道不合，最後終有厄運。

相其形、通其神的相人之術，並不是簡單地只看一個人的品德方面，或單純只看一個人的才華方面，而是透過其外形及行為、行事，把一個人的德、才、情、性、骨氣等各個方面綜合起來，作為一個整體來把握。這樣才能判斷一個人是賢能之士，還是不肖之臣，是成事之人，還是敗事之人。應該說，洞識一個人的靈魂對於識人來說要來得更為深刻和全面。古代那些善於相人的人，大都能具慧眼來洞識一個人的靈魂，所以於一眼之際，即能判斷此人的為人處事方式、處世方式。掌握了一個人的性格，基本上就能對此人的才能和辦事能力作出判斷、推測，而結果往往與其推測應驗。例如世人往往用「精明」來評判一個人。但精明本身也分為各種情況。精明的人未必都能成大事，因為「精」和「明」是人的性情的不同方面。「精」指善於權變、算計，「明」則指善於識斷、通達識體。有些人是精而不明，有些人則明而不精，有些人則既精又明，兩者皆行。精而不明的人小算盤打得很多，往往比較貪婪，但機關算盡算掉的卻是自己的性命。明而不精的人，明於識斷，凡事不爭不拈，其失誤在於不勇於創造機會，但凡他能得到的，該得的，他都能穩穩保有而不失。精而又明的人，其把握機會和創造機會的能力比前兩者都要優秀。或精而不明，或明而不精，或精與明兼具，這些都是「精」和「明」這兩種因素在不同的人身上形成的不同結構。識人相人正在於要把握這種不同素質之間形成的不同結構。單純地考慮一個人的單一方面的素質，往往並不足以判斷一個人，不足以對其做出最為公允的推斷。這裡講兩個有關「反骨」的故事，相信有助於大家理解。

「反骨」，千百年來曾多少次地困擾過中國人。越是關鍵性人才，用起來越懷疑。因此，也就越難把這類人放到關鍵性位置上。常能聽到一些人間接地談起：這人可靠不可靠？這人是不是同一陣線上的？這人用了以後會不會不好控制？諸如此類的疑問，都要細細分析。與反骨相比，什麼業績、能力、學識水準，在一般人的心目中

都成了次要的事。正如魏延那樣的人，運用之中又要防範，乾脆不用，如果是這樣，哪來蜀國的大好江山呢。

在《三國演義》中講魏延有「反骨」，據稱長此反骨者日後必反其主。諸葛亮雖然識得魏延的本質，但仍然珍惜他的才幹而用之不疑。這個魏延，最初以部曲隨劉備入蜀，作戰勇猛，累遷為征西大將軍，諸葛亮死後，他與長史楊儀爭權，率兵打楊儀，兵敗被殺。而當時諸葛亮對他用人不疑。這一方面與諸葛亮善於用人有關，另一方面也與魏延能征善戰，征西大將軍非其莫屬有關。

又如，後唐初年，晉陽的命相師周玄豹曾說：「明宗（李嗣源）前程尊貴無比。」後來李嗣源登上帝位後（西元九二六年），準備召請他進京入朝。大臣趙鳳聞知此事，急忙出來勸諫道：「周玄豹的話已經應驗了，他勢必聲望很高，如果此時將他召進宮來，那些輕佻淺薄之徒就會聚集在他門下，這將是大唐的隱患。自古以來，算命人的胡言亂語導致滅族之災的事例可並不少見啊！」

李嗣源聽了這番話，就改變了初衷，只將周玄豹委以一個專管膳食的官員，使他不可能對政事有任何影響。

這個人也許是個人才，但他已超越自己的本分，而大膽妄言非分之事，這說明此人的破壞性大於他的才氣，不能守本分的人才不能用，妄語壞事的人更不能用。

【人才智鑑】

劉濞造反

劉邦在世時為了防止外人專權，大封劉氏子孫為王，但劉氏子孫也沒讓死去的劉邦省心，到景帝時還是有人造反了，以吳王劉濞為首聯絡膠西王、楚王、趙王及膠東、淄川、濟南六王造反。

劉濞是劉邦哥哥的兒子，驍勇善戰，軍功卓著。封賞之時，劉濞伏身下拜，據說劉邦忽然發現劉濞眼冒戾氣，背長反骨，就料定他久後必反，直言相告說：「看你的樣子，將來必反。」驚得劉濞汀流浹背。劉邦又撫其背說：「漢後五十年東南有亂，莫非就應在你身上嗎？為漢朝大業計，還是不要反！」

現在，劉濞真的造反了，吳、楚七王造反也得有個理由，因為他們知道公開反叛畢竟不得人心，就提出了一個具有欺騙和煽動性的口號，叫「誅鼂錯，清君側」。也就是說，皇帝無過錯，只是皇帝身邊的大臣有錯，他們起兵是為了幫助皇帝清除身邊的奸臣，而並非反叛。

一天夜裡，鼂錯忽聽有敲門聲，原來受人奉詔前來傳御史鼂錯立刻入朝。鼂錯驚問何事，來人只稱不知。鼂錯急忙穿上朝服，坐上中尉的馬車。行進途中，鼂錯忽覺並非上朝，拔開車門往外一看，所經之處均是鬧市。正在疑惑，車子已停下，中尉喝

令鼂錯下車聽旨。鼂錯下車一看，正是處決犯人的東市，才知大事不好。中尉讀旨未完，只讀到處以腰斬之刑處，鼂錯已被斬成兩段，身上仍然穿著朝服。

景帝又命將鼂錯的罪狀宣告天下，把他的母妻子侄等一概押到長安，唯鼂錯之父於半月前服毒而死，不能押來。景帝命已死者勿問，餘者處斬。鼂錯一族竟被全部誅戮。

鼂錯族誅，袁盎又赴吳議和，景帝以為萬無一失，七國該退兵了，但等了許久，並無消息。一日，周亞夫軍中校尉鄧公從前線來見景帝，景帝忙問：「你從前線來，可知鼂錯已死，吳、楚願意罷兵嗎？」鄧公直言不諱地說道：「吳王蓄謀造反，已有幾十年了，今天藉故發兵，其實不過是託名誅錯，本是欲得天下，哪裡有為一臣子而發兵叛亂的道理呢？您現在殺了鼂錯，恐怕天下的有識之士都緘口而不敢言了。鼂錯欲削諸侯，乃是為了強本弱末，為大漢事世之計，今計畫方行，就遭族誅，臣以為實不可取。」

景帝聽罷，默默不語。

當然，反骨是古人鑑人的一種說法，現代人不足為信，只要是有作為的人，就要注重其才，領導人看重的是幹才，不是偏才和歪才。

第二章　論剛柔

第一節　總論剛柔

既識神骨，當辨剛柔
不足用補，有餘用洩

【原典】

既[1]識[2]神骨，當[3]辨剛柔[4]。剛柔，則五行生剋[5]之數[6]，名曰「先天種子[7]」，不足用補，有餘用洩。消息[8]與命相通，此其皎然[9]易見者。

【注釋】

①既：已經，既然。

②識：瞭解，認識。

③當：應當，應該。

④剛柔：中國古代哲學、宗教和醫學中一對相對的概念，剛指堅硬無比、強勁有力，柔與之相對立。中國成語中有「剛柔相濟」一詞。

⑤五行生剋：五行學說認為宇宙是由金、木、水、火、土五種最基本物質構成的，宇宙中各種事物和現象（包括人在內）的發展、變化都是這五種不同屬性的物質不斷運動和相互作用的結果。《太上化道度世仙經》中說：「五行者，金、木、水、火、土也，乃造化萬物，配合陰陽，為萬物之精華者也。」五行學說認為，事物與事物之間存在著一種聯繫，這種聯繫又促進著事物的發展變化。五行之間存在著相生相剋的規律。相生，含有互相滋生，促進助長的意思。相剋，含有互相制約、克制和抑制的意思。五行相生是指五行之間相互生成，木生火，火生土，土生金，金生水，水生木。五行相剋是指五行之間相互制約，木剋土、土剋水、水剋火、火剋金、金剋木。

⑥數：指氣數、運數。

⑦先天種子：指先天留下來的生命力，即原始的生命力。

⑧消息：這裡的意思是增加與減少，即指陰陽剛柔的相互消長。

⑨皎然：月光明亮的樣子，這裡指清楚可見。

【譯文】

已經鑑識神骨之後，應當進一步辨別剛柔。剛柔是五行生剋的道理，道家叫做「先天種子」，不足的增補它，有餘的消洩它，使之剛柔平衡，五行如諧，盈虛損益與人的命運相通，這是在對比中就能很容易發現的訊息。

【評述】

陰陽概念起源於夏朝，其依據是成書於夏朝的《連山》一書。《連山》中已出現陰爻「- -」和陽爻「—」。《山海經》稱：「伏羲得河圖，夏人因之，說《連山》；黃帝得河圖，商人因之，曰《歸藏》，烈山氏得河圖，周人因之，曰《周易》。」

陰陽學說將宇宙世間萬物分為陰與陽兩大類，認為一切事物的形成發展與變化，全在於陰陽兩氣的運動與轉換。陰陽概念，最早時，來自陽光的向背，物體向陽的一面叫陽，背陰的一面叫陰。繼而不斷引申，進一步廣泛解釋為自然界與社會界的所有現象。陰陽概念成為陰陽學說是在周朝以後，其中特別是《易經》對陰陽進行了全面概括，成為系統、完整的陰陽學說。

陰陽學說早在夏朝就已形成，這可以從《易經》中八卦陰陽爻的出現得到證實。

八卦中陰（⚋）爻和陽（⚊）爻的出現在我國的夏朝的占書《連山》中。故《山海經》中有：「伏羲得河圖，夏人因之，曰《連山》，黃帝得河圖，商人因之，曰《歸藏》，列出氏得河圖，周人因之，曰《周易》。」這就是說，在夏朝時就有《連山》這樣的八卦書，而八卦又是由陰和陽兩個最基本的爻組成的。所以陰陽學說，至少起源於夏朝。

陰陽對立

陰陽對立，是指自然的萬物萬象，其內部都同時存在著相反的兩種屬性，即存在對立著的陰、陽兩個方面。如八卦是陰與陽兩種對立的符號組成的，也是由四種對立的符號組成八卦，再由三十二種對立的符號組成六十四卦。故《周易乾鑿度》指出：「乾坤者，陰陽之根本，萬物之祖宗也。」乾卦純陽，坤卦純陰，所以說，陰陽兩種對立的矛盾，但又是互相統一的。唯有這種統一，然後才能產生變化，生成萬物，故陰陽的對立與統一，是一切事物的始終。

陰陽屬性

世間任何事物均可以分為相反的兩個方面，即陰與陽。陰陽現象無所不在。陰陽的劃分規律是：凡類似⚊明亮的、上面的、外面的、熱的、動的、快的、雄性的、剛強的以及單數的屬陽；凡類似⚋黑暗的、下面的、裡面的、寒的、靜的、慢的、

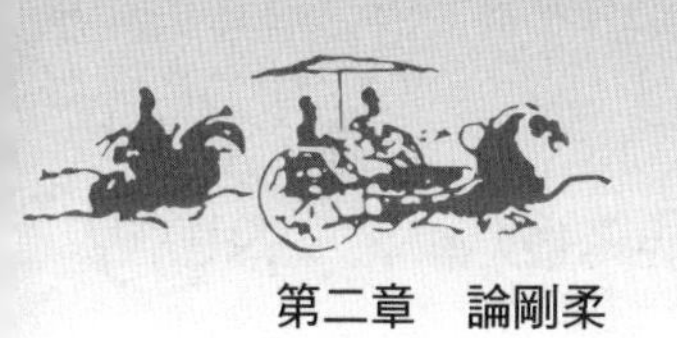

雌性的、柔弱的以及雙數的都屬陰。

陰陽不但統攝了萬物萬象對立的兩個方面，而且具有兩種相反的不同屬性。然而，事物和現象中對立著的雙方所具有的陰陽屬性，既不能任意指定，也不能顛倒，而是按照一定規律歸類的。那麼用什麼標準來劃分事物和現象的陰陽屬性呢？《繫辭》有：「乾道成女」，乾為父，坤為母，生震，艮、坎、巽、離、兌六子、六子分男女，即天地生萬物，萬物無不分為兩性。

《繫辭》還有：「天尊地卑」，「乾陽物也，坤陰物也」和「陽卦奇，陰卦偶」。凡是類似男、高和奇的性質的都是屬於陽的範疇；凡是類似女、低和柔的性質的都屬於陰的範疇。

陰陽互根

陰陽互根，即是指事物或現象中對立著的兩個方面，具有互相依存、互相作用的特點，處在一個統一體內。陰與陽的每一個側面都以另一側面作為自己存在的前提，即沒有陰，陽不能存在；沒有陽，陰也不存在。《素問陰陽應象大論》曰：「陰在內，陽守之，陽在外，陰之使也。」因此，陰陽是互相依存、互相為用的。

陰陽對立，即是指自然的萬物萬象，其內部同時存在著相反的兩種屬性，即存在著對立的陰陽兩個方面。諸如：電有正負極，磁場有陰陽極（南北極），原子由

「正」電子核和「負」電子構成，建築物有陰面、陽面，山南為陽，水南為陰等。陰陽轉化，即是指事物或現象的陰、陽兩種屬性，處於動態平衡之中，此消彼長，彼進此退，且在一定條件下向其對立面轉化。《易經．繫辭》曰：「日往月則來，月往日則來，日月相推而明生焉。寒往則暑來，暑往則寒來，寒暑相推而成歲月焉。」俗稱「風水輪流轉」即是陰陽轉化運動中的結果。

中國古人對陰陽依存、對立轉化的論述，具有了現代唯物辯證法的世界觀與認識論。陰陽始終處在動態平衡中，如果這種變化出現反常，即是陰陽消長的異常反應。《易經．繫辭》曰：「陰陽合德，而剛柔有體。」中國風水學就是人類在居住選址、規劃、建築活動中，尋求陰陽平衡的具體科學技術。

陰陽消長

陰陽消長，是指事物和現象中對立的兩個方面，是運動變化的，其運動是以彼此消長的形式進行的。由於陰陽兩個對立的矛盾，始終處在彼消此長，此進彼退的動態平衡之中，才能保持事物的正常發展變化。《繫辭》有：「日往月則來，月往日則來，日月相推而明生焉。寒往暑來，暑往則寒來，寒暑相推而成歲焉。」所謂往來就是陰消陽長，由白天變黑天，由黑夜變白天，天氣由熱變冷，由冷變熱。用日月、寒暑的變化的規律，反映事物發展變化的規律。如果這種變化出現反常的現象，也就是

陰陽消長的異常反應。

陰陽轉化

陰陽轉化，就是陰陽變化，它是事物或現象的陰與陽兩種不同的屬性，在一定條件下其自身向對立面轉化。《繫辭》：「陰陽合德，則剛柔有體。」陰與陽是對立的，但又有互相依存的方面，只有陰陽統一起來，才能推動事物的變化和發展，這樣陰陽才能長期共存。

陰與陽雖然是兩種不同的屬性，但又可以互相轉化。「生生之謂易」，「道有變動，故曰爻」。易，即陰陽相易，也就是陰極生陽，陽極生陰，所以就陰變陽，陽變陰。乾初九的陽在下，坤初六的陰始凝，說明乾坤兩卦代表著陰陽矛盾的統一體。兩卦初爻是陰陽結合，陰陽轉化的開始。就是說陰陽互相轉化，是事物發展的必然規律，事物只要順著陰陽變化的規律發展下去，最終就能達到事物互相轉化的目的。

五行是指木、火、土、金、水五種物質的運動，它們各有各的屬性：

- 「木」具有生發、發達特性；
- 「火」具有炎熱、向上特性；
- 「土」具有長養、化育特性；
- 「金」具有肅殺、變革特性；

•「水」具有滋潤、向下特性。

中國古代人民在長期的生活和生產實踐中認識到木、火、土、金、水是必不可少的最基本物質，並由此引申為世間一切事物都是由木、火、土、金、水這五種基本物質之間的運動變化生成的，這五種物質之間，存在著既相互依存又相互制約的關係，在不斷地相生相剋運動中維持著動態的平衡，這就是五行學說的基本涵義。

根據五行學說，「木曰曲直」，凡是具有生長、升發、條達舒暢等作用或性質的事物，均歸屬於木；「火曰炎上」，凡具有溫熱、升騰作用的事物，均歸屬於火；「土爰稼穡」，凡具有生化、承載、受納作用的事物，均歸屬於土；「金曰從革」，凡具有清潔、肅降、收斂等作用的事物則歸屬於金；「水曰潤下」，凡具有寒涼、滋潤、向下運動的事物則歸屬於水。

五行學說以五行的特性對事物進行歸類，將自然界的各種事物和現象的性質及作用與五行的特性相類比後，將其分別歸屬於五行之中。

五行學說認為，五行之間存在著「生、剋、乘、侮」的關係。五行的相生相剋關係可以解釋事物之間的相互聯繫，而五行的相乘相侮則可以用來表示事物之間平衡被打破後的相互影響。

陰陽五行在中國玄學系統中，能產生類似數學公式轉換或列車編組轉換功能，是

打通所有玄學關係樞紐的「金鑰匙」。

對於五行相生相剋，古人編有偈，現摘錄如下：

五行相生歌

耳為格珠鼻為梁，
金水相生主大昌。
眼明耳好多神氣，
若不為官富更強。
口方鼻直人雖貴，
金土相生紫蝗郎。
唇紅眼黑木生火，
為人擊氣足財糧。
舌長唇正火生土，
此人有福中年聚。
眼長眉秀足風流，
身掛金章朝省位。

五行相剋歌

耳大唇薄土剋水，
衣食貧寒空有智。
唇大耳薄亦如前，
此相之人終不貴。
鼻大眼小金剋木，
一世費寒又孤獨。
眼大耳小學難成，
雖有貴財壽命促。
舌十口大水剋火，
急性孤單足人我。
耳小鼻蠢亦不佳，
怪貪心惡多災禍，
舌大鼻小火剋金，
錢帛方盛禍來侵。
鼻大舌小招貧苦，

壽長無子送郊林。
眼大唇小木剋土，
此相之人終不富。
唇大眼小責難求，
到老貧寒死無墓。

中國古代的天干地支紀年與陰陽五行也有密切的關係。天干是甲、乙、丙、丁、戊、己、庚、辛、壬、癸，共十個；地支是子、丑、寅、卯、辰、巳、午、未、申、酉、戌、亥，共十二個。

天干的陰陽五行如下：
甲乙屬木，甲為陽木，乙為陰木，
丙丁屬火，丙為陽火，丁為陰火，
戊己屬土，戊為陽土，己為陰土，
庚辛屬金，庚為陽金，辛為陰金，
壬癸屬水，壬為陽水，癸為陰水。

地支的陰陽五行如下：
寅卯屬術，寅為陽術，卯為胡木，

午巳屬火，午為陽火，巳為陰火，
申酉屬金，申為陽金，酉為陰金，
子亥屬水，子為陽水，亥為陰水。
中國成語裡面有「金生麗水」、「鑽木取火」、「燃燼為土」、「烈火見真金」和俗語當中的「水來土掩」、「水火不相容」等，便可用於五行生克的解釋互相聯繫。
簡單說，在古人那裡，五行生剋關係的道理是這樣的：
金生水：即「金生麗水」，好的泉水都是在含有礦藏的地方產生的，我們現在所喝的礦泉水就是「麗水」；
水生木：植物生長需要土壤，但更需要水，有可以單獨在水裡生存的植物，而沒有只需要土壤不需要水便可以生存的植物；
木生火：古代沒有火柴，沒有打火機，只有鑽木取火；
火生土：草木燃燒之後得到的灰燼便變成土，古代的「刀耕火種」之所以燃燒山林，也是為了得到肥沃的土壤，火山灰也可以形成土壤；
土生金：一切礦藏都是在土裡形成的；
金剋木：「伐木叮叮」，用的是斧頭，即金屬工具；

木剋土：古代最早的犁地工具叫做「耒」，就是木頭做的犁；

土剋水：築堤防水、水來土掩、洪水氾濫堵塞決口使用沙包，沙土，沙也屬於土之列；

水剋火：用水滅火，不贅述；

火剋金：一切金屬皆熔於火，不贅述。

這樣淺顯地理解，五行生剋便好記多了。與陰陽五行轉這個很實用的體系相比，太極、河圖、洛書是三個概念性的符號體系，五行則是一個實用性的體系，在民間，中醫中藥、音樂繪畫和四柱八字、勘輿風水、相骨相面、日常飲食等，莫不與它息息相關。

人的性情、命運與陰陽五行之間有什麼樣的關係？

中國古代哲學和倫理學認為，人物的根本，可求於悟性之理，然而悟性之理微妙，如果沒有聖人眼光，一般人難以做到的。情性之理可求之於人外在表現，也就是說，要知道一個人的內心世界，可由觀察其外在音容笑貌，一舉一動而獲得整個識人的途徑，是從外表而知內的，從顯處判斷隱處，即：物，必須由外而內尋其質性。

形質來自何處呢？曾國藩認為形質與五行、陰陽、元一有密切的關係。因為含元一以為質，所以有其混同；因為稟陰陽以立性，所以有其剛柔；因為體五行而著形，所以有如水火金木土的形狀。形狀儘管千變萬化，然其內在性質則不變，因而形成形質。

經由元一、陰陽、五行以論情性，為氣性論者（或稱才性論、質性論）的依據。東漢時期王充提出「用氣為性」的主張，他認為「元一之氣」是「性」之根源。王充說：「人稟氣於無，氣成而形立。」又說：「人之善惡，共一元氣。」氣有多少，決定性的好壞。

人之材質，在於所稟之氣有多寡、厚薄、清濁之分，所以人的質性自然就有善惡、智愚、才不才、賢不肖的差別。稟氣多、厚、清者為譽者；稟氣少、薄、濁者為患者。雖具有可篩性，然而這種教化並沒有改變人的本質。人之天生的性質是不可變的。

下卷中提出「神」和「骨」為相之本，有本才會有種子，因此前面認為「剛秉」是相的「先天種子」。換句話說，「神」和「骨」很重要，而「剛」與「柔」同樣很重要，「辨剛柔」，方可人道。

「剛柔，五行生剋之數。」五行，前面講過，這裡不再多述。如果人觀五行中的某一「行」不足，其他部位都可以加以彌補，即《老子》中所言的「損有餘而補不足」。如果一「行」有餘，其他部位卻可以削弱，這就是比較中和平衡的「剛柔相

濟」。比如說，如果眼睛的形或神不足，而耳朵的神和形卻有餘，那麼耳朵的佳相就可以彌補眼睛的不足。反之亦然。

「不足用補，有餘用洩。」這個思想在陰陽五行中是辯證的重要表現。比如金旺，所謂物極必反，剛極易折，則用水來洩金之旺；如水太弱，不足以濟事，則用金來生水，助其弱勢。這種總體觀念，可克服「只見樹木，不見森林」的片面戒點。在運用「不足用補，有餘用洩」時，應遵循事物圓虛消長之理——即陰陽均衡，剛柔相濟，五行和諧統一的規律。

以陰陽剛柔及五行學說來品鑑人物，其說由來已久，而最為術數相學所推崇。如陳摶先生《風鑑》：「人之生也，受氣於水，稟形於火，水則為精為志，火則為神為心。精合而後神生，種生而後形全，形全而後色具。是知顯於外者，謂之形；生於心者，謂之神；在於血肉者，謂之氣；在於皮膚者，謂之色；形之在人，有金木水火土之象，有飛禽走獸之徵。」又如《太清神鑑》卷五〈論骨肉〉云：「立天之道曰陰曰陽，立地之道曰剛曰柔。故地者，具剛柔之體而能生育萬物也。山者，地之剛也。土者，地之柔也。剛而柔，則玹矽而不秀；柔而剛，則虛浮而不宴。故人之有骨肉者，亦若是矣。」又《太清神鑑》卷二〈論五行〉，可以與本篇所論的「外剛柔」聯繫起來看。如其〈五行所生〉論云：「木為仁，主英華茂秀，定貴賤也。火為箚，主勢威猛烈，定剛柔也。金為義，主誅伐，刑法，厄難、災危。定壽夭也。水為智，主聰慧明敏，定賢愚也。土為信，主德載萬物，定貧富也。」又有《五行相生歌》、《五行相剋歌》，說「耳有垂珠鼻有梁，金水相生主大昌。眼明耳好多神氣，看不為官富更強」，講的就是所謂五行的「順逆」與人之命相的關係，屬於唯心主義的迷信思想。但如果說，五行之間的相生相剋，表現了事物發展盈虛消長之理，即陰陽平衡、剛柔相濟。五行和諧統一的規律，以此來觀察人生的順逆發展變化過程，就是合理的看法。

王充論人之「命運」從道家「自然白化論」以及「易學」思想出發，認為：「論事者何故云天地為爐，萬物為銅，陰陽為火，造化為工乎？陶冶者之用火爍銅燔器，故為之也。而云天地不故生人，人偶知生耳！可謂陶冶者不故為器而器偶自成乎？夫比不應事未可謂喻；文不稱實，未可謂是也。」（《論衡》卷三〈物勢篇〉）故他對五行論人之「命運」的唯心說法有所批判，認為「且一人之身，含五行之氣，故一人之行，有五常之操。五常，五常之道也。五藏在內，五行氣俱。如論者之言，古血之蟲，懷五行之氣，輒相賊害。一人之身，胸懷五藏，自相賊也。」由此對「屬相」說也作了深入的批判。

認為人的「先天」品性與命運可以通過「不足用補，有餘用洩」的方法來補償，

也在一定程度上繼承了道家學說思想。

【人才智鑑】

沒有剛骨的李蓮英

一個人身無半點剛骨，不僅安身不穩，而且頗受後代唾棄。一個人只要心中稍出現一點貪婪或私心雜念，那麼，他本來的卑賤人格就更加賤下了。原來陰險的性格就又變得昏庸，原本奸詐的性格變得更殘酷。結果僅存的一點人性都泯滅了。所以，聖賢認為，做人要以「不貪」為修身之寶，這樣才能超越他人，戰勝物欲度過一生。

內監中有至善者如寇連材，亦有至惡者如李蓮英。李蓮英的穢跡腥聞，今天還令人髮指。

李蓮英是直隸河間府人，本是一個流氓無賴之徒，自小失去父母，無人教養，因而落拓不羈。曾經因私販硝磺，被捕入獄，釋放後改行補皮鞋，用「皮硝李」三個字為招牌，勉強糊口。

河間本是個產太監的地方，李蓮英有個同鄉叫沈蘭玉的在宮中做太監，二人關係一直很好。沈蘭玉見李蓮英境況如此之差，就要李蓮英另覓出路，李蓮英覺得做太監也很風光，就讓沈蘭玉給引進引進。不久，機會來了。西太后聽說京市上流行一種新的髮式，就讓梳頭房太監梳這種樣式，換了幾個人都不能如意。沈蘭玉偶爾在公共場合聽到這個消息，就告訴了李蓮英。於是李蓮英花了數週時問，逛遍了京都的妓院，刻意地揣摹了那些窯姐的髮式，終於學成了這一技藝。然後由沈蘭玉推薦進入宮中，從此就得到了慈禧太后的寵幸。

李蓮英為人十分機警，善於揣摩別人的心事，這就是他得寵的主要原因。李蓮英的房間與後宮距離很近，太后常常去他那兒看看，房間有上十把座椅，被太后坐過的有七八把。凡太后坐過的李蓮英都用黃緞蒙起來，以此討慈禧的歡心。慈禧暮年好靜，不愛說話，李蓮英就事先將她所用的東西，如飲食、湯藥、服飾車馬等，一一準備得妥妥貼貼，從未出過一點差錯。凡李蓮英休假時，其他太監都少不了挨打的份，所以他們時常泣求李蓮英為自己代班。可以說，慈禧在世之日，李蓮英根本沒有離開其左右。

自東太后死後，李蓮英越發肆無忌憚，由梳頭房太監晉升為總管，權傾朝野，無惡不作。透過他得到顯位的有許多人，如張蔭桓、陳璧等。當時慈禧太后對他寵愛簡直是無以復加，他可以和慈禧並坐看戲，有什麼好吃的慈禧要給李蓮英留著。李蓮英四十歲時，慈禧賜予許多珍品和蟒緞，與朝中重臣相同。內自軍機大臣，外至各省督撫，都送禮祝賀。慈禧死後，李蓮英又為隆裕太后所庇護，直至病死。

大概是苦日子過怕了，李蓮英得勢後一味地營私納賄，索受的贓款約有千萬兩銀子。他死後，其他太監都覬覦他的財富，籌思篡取，紛紛派出心腹調查。調查結果顯示，除他的原籍及各銀號金店存款外，僅宮中儲存的現銀就有三百餘萬兩。眾太監共謀瓜分，因分贓不均發生了爭鬥。受傷的小德張將此事報告給隆裕太后，太后讓內務府大臣查辦，將所有存款一律充公。後來宮中大興土木，購置各種西式用器，東交民巷各洋行生意興隆，都是由死鬼李蓮英「報銷」的。

富貴的一生，寵幸榮華，到死時反增添了一個「戀」字，享樂反而成了心理上的負擔；貧賤的一生，困苦清貧，到死時反而脫去了一個「厭」字，就像解脫了沉重的枷鎖。死對人生來說是一件最可怕的事，人們既然來到了人間，都希望大家能平安順利地活下去。順治皇帝在出家詩中說：「來時糊塗去時迷，空在人間走一回。生我之前誰是我，生我之後我是誰。長大成人方知我，合眼朦朧又是誰。不如不來亦不去，世無歡喜也無悲。」

第二節　考察外形

順者多富，即貴亦在浮沉之間

此外牽合，俱是雜格，不入文人正論

【原典】

五行有合[1]法，木合火，水合木，此順而合[2]。順者多富，即貴亦在浮沉之間。金與火仇[3]，有時合火，推之水土者皆然，此逆而合者[4]，其貴非常。然所謂逆合者，金形帶火則然[5]，火形帶金，則三十死矣；水形帶土則然，土形帶水，則孤寡終老矣；木形帶金則然，金形帶木，則刀劍隨身矣。此外牽合[6]，俱是雜格，不入文人正論。

【注釋】

①合：指五行之間的相互生用。

②順而合：指五行之間相互生成，一氣呵成，水生木，木生火，火生土，土生金，金生水。

③仇：火能剋金，因此金和火是仇敵。

④逆而合：火剋金，但火又可以煉金，使金成為有用的金屬，有用的器物，這種火剋金叫做逆合。

⑤則然：就是這個樣子。

⑥牽合：勉強之合。

【譯文】

五行之間具有相生相剋相仇關係，這種關係稱為「合」，而「合」又有順合與逆合之分，如木生火、水生木，金生水，土生金，火生土這輾轉相生就是順合。順合之相中多會致富，但是卻不會得貴，即便偶然得貴，也總是浮浮沉沉、升升降降，難於保持永久。金仇火，有時火與金又相輔相成，如金無火煉不成器的道理一樣，類而推之，水與土之間的關係也是這樣，這就是逆合，這種逆合之相非常高貴。然而在上述的逆合之相中，如果是金形人帶有火形之相，便非常高貴，相反，如果是火形人帶有金形之相，那麼年齡到了三十歲就會死亡；如果是水形人帶有土形之相，便會非常高貴，相反，如果是土形人帶有水形之相，那麼就會一輩子孤寡無依；如果是木形人帶有金形之相，便會非常高貴，相反，如果是金形人帶有木形之相，那麼就會有刀劍之災，殺身之禍。至於除此之外的那些牽強附會的說法，都是雜湊的模式，不能歸入文人的正宗理論。

【評述】

本節討論一下五行的合法。五行之間的生剋關係，在這裡稱為順合與逆合。合，指五行之間輾轉相生，木生火、火生土、土生金、金生水、水生木，一氣呵成，略無厥處。金清水白，木火通明，兩行成象，就是輾轉相生的格局。這樣的順合自然是好的，順勢流暢，如東去的一江春水，乘風破浪，浩浩蕩蕩，氣勢非凡。順合的最大特點就是要流暢無阻，如果稍有阻滯，猶如含有雜質，清不徹底，自然就減少了分數。就如練氣功時的通大小周天一樣，稍有不能圓融貫通，就達不到上乘境界。順合的人，屬形有餘，因此以富居多。

逆合，指五行之間的相互克制。五行間的相互生剋有深刻的辯證思想，與中醫辨證理論一致。有的克制可置受剋者於死命，有的受剋者，因勢力強勁反彈而傷了剋者，如木太硬、太多，刀刃反而捲曲、破損。這兩種剋是傷殘性的，沒有用，不為本卷中講的逆合。

火能剋金，照貶義的理解，金被火熔化，這也是傷殘性的，有暴殄天物的味道。反過來講，金無火煉又不成器，只要火候恰當，金反而受益。這一種情況就是本卷中所講的「逆合」，重在一個「合」字。不合，受剋者不能成為有用之物，也就是剋者破壞了受剋者的「物的有用性」；合，就是在剋者的錘煉下，受剋者被琢磨成器，能更充分實現「物的有用性」。土可以剋水，因此水不能去澆灌莊稼，養飲牲畜，解濟旱情，不能發揮「甘露」的滋潤作用，這種逆合是一無是處的。而水滋養萬物的形式

之一是蓄含在土中；有了土壟、土坎、土堤、土渠的引導，不會成為洪水氾濫，不會成為漫地積水四處漂流；這種土剋水就是逆合，充分發揮和保護了水的有用性。

以此類推，水剋火，木剋土，金剋木，都能找到「逆合」的答案。這種答案概因為有病有救所致。《神峰通考》中講：「無病不是奇，有病方為貴。」有病有藥，相互滋養，勢力均衡，共成掎角之勢，因而也是好的。本卷說這種情況是「其貴非常」。

「火形帶金，三十死。」金無火煉不成器，但火中帶金，卻造成火的不純，金既擾亂了火的純度，火又不能助金成器，反而熔化了金，偏偏又不能熔化得乾乾淨淨，形成一塊心病。如此一來，火勢駁雜，金火交戰，在混亂衝突中當然是很危險的事了。

「土形帶水，孤寡終老矣。」築土為堤，可以約束洪水不為害；築土為屋，可以遮風避雨。這樣的土是好的。如果這樣的土中有水，堅固性遭到破壞，就不安全了。洪水衝擊，土堤潰塌，土房坍倒，那就糟了。土形帶水，與築土蓄水滋生萬木還是有區別，況且水多土淹；水生木，木剋土，輾轉相仇，致使土形不純；土太濕潤，需要一點暖氣，方可滋生萬木，如果帶水，水剋火，沒有了溫暖和煦之氣，種種壞處疊加在一起，自然就「孤寡終老矣」。

「木形帶金，其貴非常。」木不經斧子的砍伐，不經刨刀的雕琢、打磨，不會成為有用的傢俱或樑柱；金生水，水生木，輾轉相生，也有助木之勢，因此木形帶金，其貴非常。但金又不能太重，否則肅殺了春木而成凋零孤苦的秋木了。從五行與四時關係來講，秋天是金當令之時，金氣太重，因而叫肅殺金秋，樹木受剋，因此呈衰枯落葉之象。

「金形帶木，刀劍隨身。」木生火，火剋金，這是金形帶木的不利之一；金中有木，金木混雜衝戰，已成雜金，金質不純，這是不利之二；木重，反而侮金，這是不利之三。如此之金，自然凶多吉少，萬事不順。

「此外牽合，俱是雜格，不入文人正論。」除以上幾種相生相剋、有理有節的「逆合」外，其他「逆合」沒什麼可取的，都是「雜格」。雜格，駁雜不清，要麼處於沉浮之間，要麼心術不正，也就難以當大用。這種情況，用在文人身上沒什麼效驗，因此「不入文人正論」。

前面已提到五行，在形體方面，古人也運用五行來分類，來說明人的性格、品德和命運。這種方法稱為──「五行形相」。

「五行形相」，意思就是根據金、木、水、火、土五行的性質，用類比取象的方法，把人的形體相貌，性格氣質歸類為五種：金型、木型、土型、火型、水型。古人

的「人稟陰陽五行之氣而生身」的哲學觀念是「五行形相」的理論依據。

古人認為，宇宙萬物都有金木水火土五種元素構成，人為宇宙之精華，萬物之靈長，其構成元素也是金木水火土，當然也該合自然之性，因而說：「稟五行以生，順天地之和，食天地之祿，未嘗不由於五行之所取，辨五行之形，須盡識五行之性。」這段話的意思就是說，人生於五行，與天地相合，既然來自五行，那麼，要想瞭解五行的形態，就必須知道五行的性狀，知根知底，才能把握事物的本質。

劉劭用五行說明人的五個結構，即骨、氣、肌、筋、血等五體，再由五體的性質象徵人的五質，即弘毅、文理、貞固、勇敢、通徽等五質，又以之象徵人的五常，即仁、禮、信、義、智等五常，通過彼此象徵來認識人的性格品質。

因為木對應人的骨，所以積之為木骨；因為火對應人的氣，所以積之為火氣；因為土對應於人的肌，所以積之為土肌；因為金對應為人的筋，所以積之為金筋；因為水對應於人的血，所以積之為水血。

隨後，劉劭又用骨、氣、肌、筋、血等來說明性格跟五質、五常之間的關係。如有柔性，就具有弘毅的性格，而弘毅的性格就是仁之質；如清純，就具有文理的性格，而文理的性格就是禮之本；肌體如結實、雄壯，就具有貞固的性格，而牢固的性格即是信之基；筋若有勁，就具有勇敢的性格，而勇敢的性格就是衛之喪；血色若平錯，就具有通徽的性格，而通徽的性格即是智之原。

五常指的是仁、義、禮、智、信。《白虎通德論》云：「五常者何，謂仁義禮智信也。仁者不忍也，藏生愛人也；義者宜也，斷訣得中也；禮者履也，履道成文也；智者知也，獨見前聞不惑於事；見微者也，信者誠也，專一不移也。故人生而應八卦之體，得五氣以為常，仁義禮智信也」。弘毅、文理、牢固、勇敢、通徽等五質具有恆常之性。

緊接前段五行，可以象徵五體、五質、五常，也可以成為表現道德的條件，因此就用術來象徵溫和正直而果斷的道德，剛毅宏大的品德，理智而尊敬的素質。用土來象徵忠厚而嚴肅，柔弱卻能自立的品德，簡明通順地指出過錯的美德。

下面解釋一下五德。

1.金德：剛強而結實，宏大而果斷。剛強而不結實，則容易斷裂；宏大而不果斷，則容易有缺失。

2.木德：溫和剛正謙遜果斷。溫和而不正直就容易變成懦弱的人；謙進而不果斷，則容易遭挫折。

3.水德：厚實而嚴謹，知理而尊敬。厚實而不嚴謹就容易遭謬論；知理而不尊敬，則易造成混亂。

4.土德：忠厚而嚴肅，柔弱但能自立。忠厚而不嚴肅的話，則易鬆懈；柔弱而不能自立則容易散漫。

5.火德：簡明而順暢，簡明而不順暢就不會有進展，若不能明確指出錯誤，又不能針砭的話，就會模糊不清。

由五行——五形——五體——五德——五常，從中我們可以體會出人的性情上可以有比較大的改變，而這種變化表現在人情世故上有能幹和不能幹之分。這些可用金水土木火來表現，這是識人的基本常識。

曾國藩指出，人的外貌都有其獨特的類型。古人根據金、木、水、火、土五行的性質和象徵意義，用類比取象的方法，把人的形體相貌用五種來概括，即是金形、木形、水形、火形、土形，這與美術上對人頭部的分類有共通之處。美術上把面部分為八種：目字形、國字形、田字形、甲字形、申字形、風字形、由字形等。全在於其認識問題的出發點不同，但本性一樣。

曾國藩認為，宇宙萬物都由金木水火土五種元素構成，人既然是宇宙中的精華，萬物中的靈長，其構成元素也是金木水火土，當然也該合自然之性，因而說：「稟五行以生，順天地之和，食天地之祿，未嘗不由於五行之所取，辨五行之形，須盡識五行之性」。

這個思想成為古代人才學的理論依據，因此在《五行象說》中講道：「夫人受精於水，故稟氣於火而為人，精合而神生，神生而後形全，是知全於外者，有金、木、水、火、土之相，有飛禽走獸之相。」

這段表明，中國古人不知為何知道生物最初來源於水中，「人受精於水」這個思想可不簡單。達爾文等西方生物學家論證的生命來自水中，比中國古人對此的論斷遲了好幾百年。

照達爾文的生物進化論來看，人既然源自於動物，則不能脫離自然生物的屬性，因此用飛禽走獸比擬人形，也無不可。三國時的名醫華佗仿五禽而成的「五禽戲」，是鍛煉身體的好方法。但古代相術把飛禽走獸與人形的相關性說得神乎其神，奧妙無窮。

根據五行的分類，各種形態類型的分述如下。

1.金形人

形貌：面額和手足方正輕小，如一塊方金，骨堅肉實。

膚色：白色。

聲音：圓潤亢亮。

性格：剛毅果決，睿智機敏。

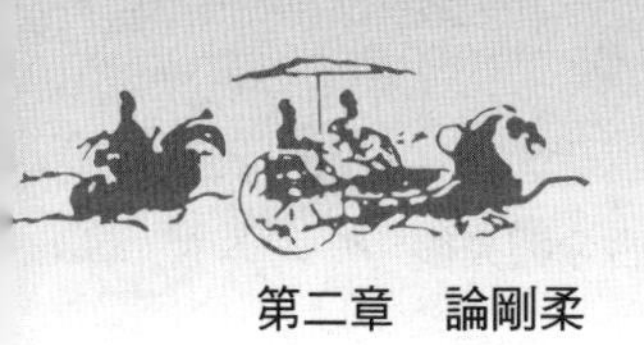

有詩證曰：部位要中正，三停又帶才，金形人入格，自是有名揚。

2.木形人

形貌：瘦直挺拔，如筆直大樹，儀態軒昂，面部上闊下尖，眉目清秀，腰腹圓滿。

膚色：青色（白中透青）。

聲音：高暢而洪亮。

性格：溫和，寬仁。

有詩證曰：棱棱形瘦骨，凜凜更修長，秀氣生眉眼，須知晚景光。

3.水形人

形貌：圓滿肥胖，肉多骨少，腰圓背厚，眉粗眼大。

膚色：略黑。

聲音：緩急不定。

性格：情感豐富，富有想像力，聰明機智，多變。

有詩證曰：眉粗並眼大，城廓要圓團；此相名真水，平生福自然。

4.火形人

形貌：頭額窄下巴寬，鼻子高大而露孔，毛髮較少。

膚色：赤色。

聲音：躁烈。

性格：情感激烈，性格暴躁，直來直去。

有詩證曰：俗識火形貌，下闊上頭尖，舉止全無定，頤邊更少鬢。

5.土形人

形貌：敦厚壯實，背隆腰圓，肉輕骨重，五官闊大圓肥。

膚色：黃色。

聲音：渾厚悠長。

性格：儀態安詳，舉止緩慢而穩重，冷靜沉著，但城府很深，難於測度；待人寬厚，講信用。

有詩證曰：端厚仍深重，安詳若泰山，心謀測猜度，信義重人間。

這五種類型的人，是五行的推衍，天下所有人的形貌不外乎來自於此。

由此可見，人的容貌舉止是人的美醜善惡中非常明顯地表現出來的外在的東西，但是其中也有天命人事的因素隱藏其中。《孔子家語》中說：「澹臺子羽沒有君子的容貌，但是他的行為舉止卻與其容貌不相般配。」《論語》中說：「子張的為人高不可攀了，但是難以帶領人一同進入仁德。」澹臺滅明及顓孫師二人的威儀舉止肯定有

過人之處，但是孔子有「以貌取人，失之子羽」的感歎，曾子有「子張難與共入仁德」的感慨。這就是天命有相但人事上卻不努力的原因；如果不是孔子，別人怎能知道這層道理。後代靠相貌觀人察事的人很多，而且特別注重容貌。年輕的紈褲子弟大都是打扮美麗妖豔，身穿奇裝異服，而面貌態度，行為舉止，像柔弱女子一般。這樣的人，人見人愛，但是處朋友則有始無終不歡而散；一起共事則少有成功。此外還有所謂下體豐滿必有後代的說法觀人察士的事例：曾國藩常審視屬員隨從是否面有福相，並以此決定任職的大小，其中雖偶然有巧合的事例，終究不可引以為訓。難道不知道楚國的葉公子高身材短小瘦弱，走起路來像要被風吹去似的？但就是葉公子高平定了白公勝的叛亂，以此名聞後世，這件事《春秋左氏傳》有記載。當初，沈攸之前往領軍將軍劉遵考處，請求招收自己為白丁隊主，因為沈攸之形象醜陋沒有答應，但沈攸之最終成為征西大將軍、開府儀同三司，長期在外領兵打仗，這件事《宋書》中有記載。大概僅用相法談論人的容貌舉止，很難做到事事都有驗證，也不是本書所涉及的內容。

【人才智鑑】

晏嬰出使楚國

晏嬰頭腦機敏，能言善辯。內輔國政，屢諫齊王。對外他既富有靈活性，又堅持原則性，出使不受辱，捍衛了齊國的國格和國威。晏嬰身材不高，其貌不揚，是金形人。我們看看他是怎樣出使楚國的。

晏子出使楚國。楚國人想侮辱他，因為他身材矮小，楚國人就在城門旁邊特意開了一個小門，請晏子從小門中進去。晏子說：「只有出使狗國的人，才從狗洞中進去。今天我出使的是楚國，應該不是從此門中入城吧。」楚國人只好改道請晏子從大門中進去。

晏子拜見楚王。楚王說：「齊國恐怕是沒有人了吧？」晏子回答說：「齊國首都臨淄有七千多戶人家，人挨著人，肩並著肩，展開衣袖可以遮天蔽日，揮灑汗水就像天下雨一樣，怎麼能說齊國沒有人呢？」楚王說：「既然這樣，為什麼派你這樣一個人來作使臣呢？」晏子回答說：「齊國派遣使臣，各有各的出使對象，賢明的人就派遣他出訪賢明的國君，無能的人就派他出訪無能的國君，我是最無能的人，所以就只好出使楚國了。」楚王立即不好意思了。

待談完事，正好有人來獻合歡橘（楚國的特產），楚王就順手拿了一個賜給晏子

吃。齊國地處北方，晏子沒吃過橘子，所以不知道剝皮就去咬。

楚王拍手大笑：「你們齊國人都沒吃過橘子啊，怎麼不剝皮就吃！」

晏子恍然大悟，立刻就說：「受君所賜，瓜桃不削皮，橘柑不剝皮，以示敬意。君未叫我剝皮，我怎麼敢不全吃呢？」

楚王不覺心中起敬，並賜酒宴。

正當飲酒正歡的時候，有幾個武士推著一個囚犯從殿下經過。於是楚王就問囚犯哪裡人，武士回答說是齊國人。楚王又問犯了什麼罪，武士說是偷盜罪。

楚王故意回頭問晏子說：「怎麼齊國人都喜歡偷東西嗎？」

晏子知道這又是給自己設的局，於是就垂手頓足地說：「我聽說江南有橘，移過江北就會變成枳。之所以會這樣，是因為水土不同。齊國人在齊國就不會偷東西，到了楚國偷東西，這完全是因為楚國的土地啊，這跟齊國有什麼關係。」

楚王聽完之後默然良久，對晏子說：「我本來是想侮辱一下你的，沒想到卻被你給侮辱了。」

第三節　考察內心

五行為外剛柔
內剛柔，則喜怒、跳伏、深淺者是也
粗蠢各半者，勝人以壽
純奸能豁達，其人終成
純粗無周密，半途必棄

【原典】

五行為外剛柔①，內剛柔②，則喜怒、跳伏③、深淺④者是也。喜高怒重，過目輒⑤忘，近「粗」。伏⑥亦不伉⑦，跳亦不揚⑧，近「蠢」。初念甚淺，轉念甚深，近「奸」。內奸者，功名可期。粗蠢各半者，勝人以壽⑨。純奸能豁達⑩，其人終成。純粗無周密，半途必棄。觀人所忽，十有九八矣。

【注釋】

①外剛柔：指剛柔的外在表現。
②內剛柔：指剛柔的內在表現。

③跳伏：指激動與平靜兩種情緒。
④深淺：這裡指人城府的深淺。
⑤輒：就，立即。
⑥伏：情緒平靜，心態平和。
⑦伉：高大，這裡引申為情緒激動。
⑧跳：情緒波動很大。揚：指人的情緒高昂。
⑨勝人以壽：比別人壽命長。
⑩豁達：心胸開闊。

【譯文】

前面所說的五行，是人的陽剛和陰柔之氣的外在表現，即是所謂「外剛柔」。除了外剛柔之外，還有內剛柔。內剛柔指的是人的喜怒哀樂的感情、激動或平靜的情緒和有時深、有時淺的心機或城府。遇到令人高興的事情，樂不可支，遇到令人惱怒的事情，就怒不可遏，而且事情一過就忘得一乾二淨，這種人陽剛之氣太盛，其氣質接近於「粗魯」。平靜的時候沒有一點張揚之氣，激動的時候也昂揚不起來，這種人陰柔之氣太盛，其氣質接近於「愚蠢」。遇到事情，起初考慮，看起來想得似乎很膚淺，然而一轉念，想得又非常深入和精細。這種人陽剛與陰柔並濟，其氣質接近於「奸詐」。凡屬內藏奸詐的人外柔內剛，遇事能進能退，能屈能伸，日後必有一番功業和名聲可以成就。既粗魯又愚蠢的人，剛柔皆能支配其心，使他們樂天知命，因此其壽命往往超過常人。純奸的人——即大奸大詐者，其心能反過來支配剛柔，遇事往往能以退為進，以順迎逆，這種人最終會獲得事業的成功。那種外表舉止粗魯，內心氣質也粗魯的人，只是一味地剛，做起事來必定要半途而廢——也就是「內剛柔」，而且一般人十有八九都犯這個毛病。

【評述】

這裡講的「內剛柔」，是與「外剛柔」相對的。外形之剛柔，就是前面所講形體之五形，可以反映一個人的魄力、性格，很容易在直觀上看到。「內剛柔」所反映的是一個人的城府，需要透過日常相處來推敲。

笑能笑死、哭能氣盡者，給人的直覺就是「缺心眼兒」。所以曾國藩說，喜則手舞足蹈、得意忘形；怒則狂暴焦躁、不計後果；喜怒過後，則立刻雲開日出，將剛剛發生過的事拋在九霄雲外再不縈懷者，看似直來直去、豪邁豁達，實則是氣盛、莽撞之人。這樣的人，可以稱之為「粗人」，做事欠缺考慮，僅憑匹夫之勇，衝鋒陷陣還

可以，但卻絕非將帥之才。

相反，如果一個人性格溫柔到毫無血性的地步，想急急不起來，想激動也激動不起來，很少有興高采烈的時候，也決然無怒不可遏的時分，就近乎「不智」了，因為這樣的氣質既是缺乏果斷的表現，又是缺乏自強精神的表現，因而很容易因優柔寡斷而錯失良機，因沒有原則而大失眾望。這樣的人，不是可用之才，亦非可交之友，更非可托之人。

對選賢任能而言，粗、蠢自然不好，但這樣的性格卻有益於身體健康長壽。特別是「粗蠢各半者」，心裡要麼不介意任何事情，要麼不動怒、不動氣，無所用心，自然五臟無損、經脈順暢、健康長壽了。

「粗」人，可以稱為陽剛過剩，也即肝火太旺；「蠢」人，可以稱為陰柔至盛，也即心火不足。論城府而言，自然是剛柔相濟為最好。然而，剛柔相濟的類型中，又有一種人需要注意。那就是曾國藩所說的「近奸者」。何謂近奸者?初念甚淺，轉念甚深，也就是表面不動聲色，心裡不停盤算的人。往往是越想越覺得不妥，但又不好食言，於是在執行約定的過程中不知不覺地刻意扭轉進程。這樣的人稱之為「內奸」，其城府深處是不易被人發覺的，甚至事後都不一定能被人發現其暗自著力用心處，所以曾國藩說「內奸者，功名可期」。

這樣有城府的人之所以能夠成功，是因為做事滴水不漏，倘若他們並不存禍心，而是能夠坦然面對自己最初判斷的失誤，不以後來的改變為芥蒂，甚而在他人識穿點破其良苦用心時，依然能夠坦承其弊，則也無愧為英雄，到頭來終有所成。曾國藩是非常珍惜人才的，所以他對有能力而心機深的人也不會一棒子打死，而是合理地加以提攜任用，因為有些性格的確是天性使然，往往是當事人有自知之明也難有矯正之力，所以只要無傷善惡根本即可。

人的性格有剛有柔，有脾氣火爆的，也有特別和善的。尤其前面的內容中講到的五行屬性，這些都是表象，也就是所謂的外剛柔，而觀人，還需要揣摩內剛柔。一個人的外剛柔可以偽裝，但是一個人所擁有的內剛柔卻是絕對裝不了的。

比如遇到令人高興的事情，樂不可支，大笑不止。遇到令人惱怒的事情，就怒不可遏，很少有人能勸得住，而且事情一過就忘得一乾二淨，這種人陽剛之氣太盛，過於剛烈，似乎有些「粗魯」。

又如有些人平靜的時候沒有一點張揚之氣，激動的時候也昂揚不起來，這種人陰柔之氣太重，做事過於平靜和理性，彷彿給人「愚蠢」的感覺。

遇到事情，剛開始的考慮，看起來讓人覺得他想得似乎很膚淺，然而一轉念，想得又非常深入和精細。這種人剛柔並濟，理性和感性兼有，似乎又有些「奸詐」。

凡屬內藏奸詐的往往是人外柔內剛，遇事能進能退，能屈能伸，日後必有一番功業和名聲可以成就。既粗魯又愚蠢的人，剛柔皆能支配其心，使他們樂天知命，遇到苦難往往可以找到樂觀的一面，因此往往比常人更加長壽。純奸的人——即大奸大詐者，其心能反過來支配剛柔，遇事往往能以退為進，以順迎逆，這種人最終會獲得事業的成功。那種外表舉止粗魯，內心氣質也粗魯的人，只是一味地剛，做起事未必定要半途而廢。

鑑別人才，人們經常犯的錯誤就是，能鑑別自己學識相近、性格相似、經歷相同、能力相近或比自己學識淺、能力差、經歷少的人，卻難看到其他類型人才的優點。這是因為以己觀人的緣故。「內剛柔」篇專門列出了幾種典型的內心伏藏例，供人們鑑別人才時做參考。

「外剛柔」，是從外貌形相來判斷、識別人物的，雖然有一定的道理，但理由不充分，而且還可能含有不少荒謬的成分，所以準確度讓人懷疑。如果察人者水準不夠，閱歷不深，見識不夠，錯誤很多。內剛柔要求從內外結合的角度來考察人物，是鑑別人才的正確途徑。許多聰明人士對自己的鑑人能力很有自信，實際上是一種錯誤，或者偏信自己的感覺，或者以己觀人，錯誤自然不少。但因他們聰明，有「生而知之」的天賦（或多或少），也能正確識別一些人才。也正因為此，他們從自信滑向自負。曾國藩從不敢過譽自己的鑑人才能，世間聰明人士良多，而曾國藩卻是當世一人，莫不是滿招損、謙受益的緣故。

「內剛柔」，從一定程度上指的是人的精神世界。內剛柔可粗分為喜怒、跳伏、深淺三種外部表現。

「喜怒高重，過目輒忘，近『粗』。」喜怒統指人的情緒劇烈變動。一喜一怒之間，充分表現其對人對物的態度。敢為不平事拍案而起、挺身而出的，勇氣與正義凜然不晦，使人不敢侵犯。只為個人得失喜怒傷痛的，自私之心也會昭然若揭。細細區分起來，喜怒也有真偽之別。以情感變化來鑑別人的心性還應結合平常的行為表現。「路遙知馬力，日久見人心」，古訓不可忘。山中有直樹，世上無直人，直率坦露之人畢竟是少數。喜高怒重，為一得一失、一物一事而喜而怒；凡事過目即忘，做事漫不經心，把很多事忘得乾乾淨淨；這種人就是「粗」；粗心大意的人就是這種人；性情剛直、不識進退的人也屬於這種人；做事欠考慮、缺乏周密圓潤的也是這種人。

粗中有細、思考周密的人，行事可做到穩當與變化齊施，精當與簡捷並用，而粗者則沒有這樣的才識策略。粗者如不經過一番磨練，不變得心思周密，是不宜擔當大任的。但其優點是沒城府，沒機謀，沒野心，在許多方面倒可以放心任用。

「伏亦不伉，跳亦不揚，近『蠢』。」伏跳，指人的情緒變化。伏，情緒平靜時

的狀態；跳，情緒激動時的狀態。情緒變化劇烈之時，人往往會做出超乎常理的舉動，因此領導者不宜在生氣時做決定。

伏亦不伉，意為情緒平靜之時，不會激動亢奮，這是正常情形；跳亦不揚，但在情緒應該激動亢奮之時，也不能激動昂揚，一副心若死水的樣子，這出乎人之常情。一種可能為故意掩飾，另一種可能是「蠢」：伏亦不伉，跳亦不揚，近「蠢」。

故意掩飾是人之常情，非不能也，而不為也。當年，前秦苻堅率百萬大軍南下進攻東晉，前秦兵強馬壯，聲勢浩大，有投鞭斷流之勢。東晉宰相謝安用區區八萬的兵馬來對抗苻堅的百萬雄師。表面上，謝安心如止水，胸有成竹地與人對弈，但內心卻十分不安，這種心情只有他本人知道。當以少勝多的捷報傳來，謝安仍心平氣和地下完那盤棋。但是，他回到裡屋後，卻高興得踢掉了鞋子。

近「蠢」的人，對周圍的喜憂感應不強烈，缺少昂揚之氣，行為舉止呈弱態，不與人爭勝負是非。這個「蠢」，未嘗不可作為「難得糊塗」理解。前面已經論述到，凡人末流，困而不學，略過不論，因此這裡的「蠢」，當是各種人才中的一種。「難得糊塗」是古人樂意宣導的一種自修品格，實是一種「不爭者，爭之也；不伐者，伐之也」式的以退為進的策略，與凡人末流中的「蠢」不可作同義解。

「初念甚淺，轉念甚深，近『奸』。」深淺，指人的心機城府。人的心機城府並非生而成之。少年人有熱情、有理想、有抱負、血氣方剛，常以為天下無事不能為，有義薄雲天的志向，喜歡張揚行事。進入中年以後，碰的壁多了，漸漸胸中藏得住事，凡事三思而行，謀定而動，不莽撞，不聲張，心機城府漸寬漸深，概因人心險惡、懂得藏伏的緣故。心機城府漸遠漸寬，遇事就多有思量，功漸積漸高，名漸積漸厚，成就日多，聲名日隆矣。

「初念甚淺，轉念甚深，近『奸』。」初一接觸，印象不深，僅僅觸動了心弦，未生出強烈的共鳴。但轉念之間，想得又遠又深。這樣的思維特點有「奸」的成分。心機深重的人，遇事多有這種特性。初念甚淺，轉念甚深的結果是，把剛接觸時沒有想到、沒有想透的問題重新梳理一遍，既可能有新的發現，也可能悚然驚悸，看到了先前不曾看到的嚴重後果。

聰明的人，凡事眼前一過，即可把住問題的關鍵，迅速作出決定。「奸者」，由於初念甚淺，可能被人視作天分不高，心思遲鈍，但因其堅韌執著，能進能退，能屈能伸，後來的成就反而會高過原先聰明之人。凡欲成大器者，少不得聰明，更少不得堅韌。堅韌執著也是成為大人物的一把鑰匙。

「奸者」在這裡不是奸佞、奸邪的意思，應是善於度事，權謀機變，城府深重，不如此不足以見心機，不如此不足以成大業。遍觀歷史上的功敗沉浮，莫不如此。

內奸者，功名可期。內心深思之人，喜歡對一個問題翻來覆去地想。這種人非常倔強，忍性也足，鍥而不捨，鑽之彌堅，如何不會成事呢?笨鳥先飛，這對那些智力不夠，勉力而進的人，無疑是一大安慰，也是一個絕佳的榜樣。

半途而廢者

有一位小孩，天下大雨，閑在家中不能安分。他的父親就從雜誌上扯下一幅世界地圖，撕成碎片，叫孩子把地圖重新拼好。父親為自己的機智而得意，以為孩子至少會「工作」一上午，就準備出門。不料孩子很快就把地圖拼好了，父親怪而問之，小孩回答說：地圖背面是一個人，人對了，世界就對了。

對用人者來講，這是一句名言：人對了，世界就對了。人選對了，事情就不會差到哪裡去。

純粗無周密，與粗中有細相對，張飛就貴在粗中有細，可惜到頭來仍死於粗中少細，因喝醉酒而鞭打部下，部下辱而怒，而割頭叛主。

半途而廢者意志不堅是首要原因。沒有堅韌不拔的毅力而欲成大事者，歷來甚少。聰明有餘之士，更應觀其是否有堅韌不拔之志。

《孫子兵法》上講，知可以戰與不可以戰者勝。純粗無周密者，性情魯莽，且一味的剛，不分形勢，不辨場合，不知進退，任憑性情行事，又缺乏周密思考，惹下事端不能收場，甚至可能撇下爛攤子一走了之。

純粗者還包括做事拖拉，粗中少細，不動腦筋。這種人缺乏計劃性，做事情憑著感覺走。這類純粗者，如果沒有人去督促，任其行事，往往也會半途而廢。純粗，卻肯不斷學習的人，雖在初始辦不好事，但在經驗積累中不斷進取，又是一種好品格，屬孔子講的「困而學之」。「已非昔日吳下阿蒙」的三國時期東吳大將呂蒙，初時有勇無謀，純粗無周密，後來孫權叫他讀書，逐漸成為智勇雙全的棟樑之才，敗關羽於麥城，威震華夏。

以上種種真假混淆的跡象，不細細分辨，很容易被忽略。

純奸能豁達者

從本性上講，純奸者有豁達開朗的特質。「純奸」一詞，更多的含義，是指心機內藏，城府淵深，喜怒不形於色，哀樂不現於面，為人行事處處保留三分。「奸臣賊子」多以身敗名裂而終；純奸而豁達者，有寬廣的胸襟，容得下人事，舉止大度豁然，氣魄宏偉，多少有高人之風。

對比一下耿介樸露的人，「純奸能豁達者」的優勢就很明朗了。耿介樸露的人，忠心可嘉，正直凜然，為國為民鞠躬盡瘁，為家為己兩袖清風，是不可多得的人才。但因其愚忠與耿介，有時也令人難堪。從旁觀者看，耿介之人能學純奸者的圓滑之

長，未嘗不是一件好事。東林黨人李東陽，雖不滿太監劉瑾專權，但考慮到自己不辭官，還可以保護一些善良之人，就忍受被朋友責難的痛苦，心與願違地與奸臣周旋。這樣的直臣是讓人贊佩的。可惜本性難移，要讓耿介之人轉變個性，十分困難，俗語道「江山易改，本性難移」。

春秋時期，鄭國的鄭武公是一個足智多謀的諸侯。他要擴張地盤，便打鄰邦胡國（即後來的匈奴）的主意。但當時胡國是一個強大的國家，又勇猛善戰，用武力固然不容易，想政治滲透也不可能，因為胡漢不相往來。鄭武公實施長遠戰略，派了一位使者到胡國去，說要攀個親，把自己的女兒嫁給胡國國王。國王自然歡喜，立即答應了。鄭武公就做了胡國國王的岳父，把女兒嫁到胡國。

這位新夫人到了胡國，把國王迷得昏頭昏腦，花天酒地，日夜親愛，連朝也懶得上了，對國家大事置之不理。鄭武公暗自高興。過了相當時期，他突然召開了一個秘密會議，商議著要開拓疆土，問群臣應向哪一方面進攻。

大夫關其思說：「以目前形勢看，要擴張勢力，相當困難，各諸侯國都有攻守同盟，一旦有事，團結一致對敵。惟有一條路可以試一下，那就是向『不與同中國』的胡國進攻，既可能得到實利，名義上又可替朝廷征討外族。」

這個提議與鄭武公不謀而合，也說到了他的心裡。但鄭武公一聽，立刻反問：

「你難道不知道胡國國君是我的女婿嗎？你怎麼敢挑撥離間？」

關其思繼續大發議論，口沫橫飛地說出一大套非進攻胡國不可的理由，特別強調，國家大事，不可牽扯兒女私情，國君應為國犧牲個人利益。

「狗〇！」鄭武公發火了，厲聲斥責他，「你要陷我於不仁不義嗎？你想讓我女兒守寡嗎？好吧，你既然有興趣叫人做寡婦，就先讓你老婆嘗嘗滋味吧！來人！把這傢伙斬了。」

鄭武公心裡早已不顧女兒的前途和幸福，而表面上卻裝出一副慈父心腸，而且為此不惜犧牲一位大臣。圖大謀，舍親利，古來如此，劉邦亦如此，李宗吾先生稱之為「厚黑」，這是純奸能豁達者的最具有代表性的特點。這樣做也極具欺騙性，使對方放鬆警惕。

果然，關其思被斬的消息傳到胡國，國王對這位岳父大人感激不已，更加縱情聲色，漸漸地連邊防都鬆弛下來，鄭國的細作可自由出入。

鄭武公認為時機成熟，突然下令，揮軍進攻胡國。

鄭武公向群臣解釋：「兵不厭詐，這是欲擒故縱的計謀！我對胡國早有吞併之意，犧牲女兒嫁給他，是為探其國防秘密，斬關其思為堅定他的信心，使其鬆懈防備，一旦時機成熟，攻其不意，事成矣。」

鄭武公犧牲了女兒的幸福，換來了領土的擴張。欲擒故縱，「奸」；犧牲女兒與關思其，不計小利，「能豁達」，故可以成功。

純奸能豁達者，其特點是心機深藏與胸襟豁達，由此去鑑別他們，即可知其成就。用人者很難克服的一個弱點是個人的喜好，因同性相悅的緣故，忠正剛直的看不到奸詐多變者的長處，奸詐多變者看不起忠正剛直的呆板迂腐，因此，欲成一番事功的人，必須正視「純奸能豁達者」的特點。拋去褒貶意義，「純奸能豁達者」是絕大多數有用之才的共同特徵。於鑑人之道，這個觀點是極有見地的。純奸，更確切地說，是富於權謀。

粗蠢各半者

這種人的可取之處是長壽。身負血海深仇的人，如果無力手刃仇敵，不妨與他拼比長命，等著仇敵先死，比他活得長久、快樂，也可視作一種勝利。

孔子把人分為四等，一等人生而知之，二等人學而知之，三等人困而學之，四等人困而不學。第四種人沒有進取心，因此孔子認為不足論。在這裡論及的「粗蠢者」，名聲雖不好聽，但其能力品性比「困而不學」的人為高，所以可以略作討論。

喜高怒重、過目輒忘的粗人，不存心機，凡事過目即忘，不為憂慮所困，對人生沒有太多的奢求，雖然會為驚喜之事狂歡，為惱恨之事怒吼，情緒的激烈程度強過別人，但轉眼之間忘得乾乾淨淨，在漫不經心中傾向於大度能容。伏亦不伉、跳亦不揚的蠢人（人言其蠢，未必就蠢），只享受眼前的快樂，不大爭名利（因為他知道自己無力去爭），隨遇而安，率性而為，胸無城府，也不理會別人對他的「笨」、「傻」、「蠢」的評價，因此生活愉快。粗蠢各占其半的人，無憂無愁，心悅意暢，有兒童般的單純和快樂，自然能心寬體健，勝人以壽。

古人講糊塗學，常常說「難得糊塗」。粗蠢各半者，是自然生得糊塗；而奮爭事功、憂心積慮的人終日操心、案牘勞形，為雜務所苦，困擾不堪，性命不易長久；勝人以壽就成為粗蠢各半者的優點。憨人自有憨人福，粗蠢各半者亦有所成，概因為他知道如何利用自己的粗與蠢——或許，這又不能言其粗蠢了。從做人來講，許多的智者與奮鬥者，能以粗蠢看待自己的遭遇，未必不是一件賞心樂事。

粗蠢各半者，因其漫不經心，要防其無心誤事，但無野心這一點是好的，可以派上許多用場。

前面列舉了內剛柔的三種表現，「粗」，「蠢」，「奸」，各有各的優點，各有各的缺點。即使最偉大的人物，也有犯傻的時候，也做過一些蠢事。缺點並不可怕，可怕的是不知道自己的缺點，不會利用、不會彌補自己的缺點。曾國藩給後人留下的一個啟發就是，他找到了一套既適合自身特點，又能打敗太平天國的辦法。他用看似

笨拙的辦法贏得了一場轟轟烈烈的戰爭。

第三章　論容貌

第一節　總論容貌

容以七尺為期
貌合兩儀而論
相顧相稱，則福生

【原典】

容①以七尺為期②，貌合兩儀③而論。胸腹手足，實接五行；耳目口鼻，全通四氣。相顧相稱④，則福生；如背如湊，則林林總總，不足論也。

【注釋】

①容：指人的容貌，即指人的外部特徵。

②期：限度，標準。
③兩儀：兩邊，這裡引申為兩隻眼睛。
④相顧相稱：相互照應、匹配，彼此對稱、協調。

【譯文】

凡是觀人形貌，觀姿容以七尺軀體為限度，看面貌則以兩隻眼睛來評斷。人的胸腹手足，對應都和五行——即金、木、水、火、土相互關係，都有它們的某種屬性和特徵；人的耳目口鼻，都和四氣——即春、夏、秋、冬四時之氣相互貫通，也具有它們的某種屬性和特徵。人體的各個部位，如果相互照應、匹配，彼此對稱、協調，那麼就會為人帶來福分，而如果相互背離或彼此擁擠，使相貌顯得亂七八糟支離破碎，其命運就不值一提了。

【評述】

一個人的外觀（也就是容貌）很重要。觀人形貌，不過是以七尺軀體為限度，看面貌則以兩隻眼睛來評斷，眼睛就好像是太極的陰陽魚一樣，這個人的一切其實都包容在一雙小小的眼睛裡。

這裡先將跟容貌相關的相關知識，作些介紹。

三停。即人的身相的上中下三個部分：上停，就是指頭；中停，指的是從肩至腰這一部分；下停，則是指從腰至足這一部分。相學家認為：人的上中下三停勻稱適度，也就是大小長短等互相匹配，彼此均衡，若符合這些條件即為合相。那麼，此人必福深壽長，富貴雙全。

古人云：身分三停。頭為上停，人矮小而頭長大者有上梢而無下梢，身長而頭短小者一生貧賤；自肩至腰為中停，中停要勻稱，短則無壽，長則貧窮，腰軟而坐行俱動者無壽；自腰至足為下停，要與上停齊而不欲（要）長，長則多病，若上中下停之長太短小不齊者，無壽。一身三停相稱為美。

當然，「身相三停」之論是屬於從整體全面宏觀上對人的身材總體把握和審視。除這些之外。醫學家還要對人的軀體各部分如手足、胸腹、腰背、乳臍等進行認真仔細的觀察，現介紹如下：

四肢指的便是兩手兩腳。四肢與春夏秋冬四季休戚相關。四肢與頭，合稱「五體」。五體更是與陰陽五行密不可分。在天時中，四時不濟，五行不調，則乃物難以化生。在人相中，四肢不齊，五體不和，自然便是貧困終生。

健康者的手是：軟長、滑淨、不露筋骨。古人則認為手纖長者為人心慈好善，喜施捨。短厚者則為人卑劣，好貪取。因為人手的作用和功能在於「拿」和「舍」。雙手過膝為蓋世英雄。劉備不就是「雙手過膝，兩耳垂肩」麼?難怪時人稱之為世之梟雄。而手短不及腰者必終生困苦，身小手大者福祿宏澤，身大手小者清貧。手宜端厚，端厚者富足，忌薄削，薄削者貧窮，手粗硬者卑賤，細軟者高貴，手香暖者清秀，手汗臭者渾濁。

至於手指，是以纖長者聰明，短突者愚賤，親密者有積蓄，硬疏者破賤，手指狀如春筍者清貧。如鼓槌者愚頑，如剝蔥者食祿，如竹節粗者貧賤。

再說手掌，先看顏色。掌紅如血者貴，黃如土者賤，青黑者貧窮，白色者下賤。手喜潤澤、潤澤者富貴；厭乾枯，乾枯者貧窮。手以長厚者為貴，短薄者為富。又硬又圓的愚蠢，又軟又方的福厚。四周豐滿中間窩下者富有。反之則貧苦。

足相則要求平、厚、正、長，忌側而薄，短而肥。因為「足者，上載一身，下運百體」，象徵地雖位居最下，卻功不可沒。足弓高到腳底能放入雞蛋者大富；腳板厚若達四寸者必是大富大貴。總之，腳小而厚富貴，大而薄貧賤。

古人云：足者，上載一身，下運百體。為足之量焉為地之體象，故雖至下而其用大，是可別其妍羞而視其貴賤也，欲得方面廣，正而長，膩而軟，富貴之相也。不可側而薄，橫而短。粗硬，乃貧賤之質也腳下無紋理者，下賤足下有黑痣者，食祿雖大而薄者，下賤。貧苦腳下成跟者，福及子孫，腳下旋紋者，令譽千載；腳下如平板

者，貧愚腳下可容龜者，富貴。足指纖長者，忠良之貴足指端齊者，豪邁之賢足厚四方者，巨萬之富足排三指者，兩者之權。大抵貴人之足小而厚，賤人之足薄而大。

胸是氣血的宮庭，神情的枕府，宮庭平廣則神態安定而氣血平和。府庫低陷，則見識短淺而氣量狹小。所以，胸要平而長，闊而厚，如此，便智高福厚。如突而短，狹而薄，便是貧窮淺陋之人。胸突起者，愚蠢下賤。胸狹窄如土堆者，愚賤。胸骨凹落如槽的，狠毒之人。

腹的功用是包藏五臟六腑，好比是身體的煉爐，能化解萬物。所以，腹要圓，皮厚且下垂者為貴。如果腹部又扁又短則貧賤。古人又認為：皮厚者身體健康又富有，皮薄者常遭病厄又窮貧。肚皮向上的低賤而愚昧。身下懸垂則富貴又長壽，如像茶壺那樣滾圓，則為巨富，腹部窄小，最為貧窮。勢欲垂而下，皮欲厚而滑。皮厚者少疾而富，皮薄者多疾而貧。腹近上者賤而愚。故曰：腹懸向下，富貴主壽；腹墜而垂，智合天機。腹偏而短，食不滿碗；腹為抱兒，四主聞知。

又云：腹為血氣之宮庭，平、廣、方而衣祿榮，若是偏斜並凹凸，定知勞碌過半生。

又云：腹小而下，大富長者；腹大垂下，名遍天下；腹如抱兒，萬國名題；腹如雀腹，貧賤無屋；腹有三甲，背有三壬，如此之人，法蓄黃金；腹臍突出，壽命早卒。

又云：腹中為萬事之府，平正而廣闊者富貴；凹凸而狹薄者貧賤。男昂則愚，女昂則淫亂。為血脈之穴，圓紫而垂下者，富貴而多子，白小而斜狹者，窮困而幕滯。

胸狹而長，不可求望。胸廣而長，主得公王。胸短於面，法主鄙賤。胸上黑紫，為兵萬里。胸獨高起，貧賤不已。胸若覆直，富貴名真。胸不平均，未足為人。胸均平滿，豪播天畔。胸有毫毛，必主富豪。胸廣而方，長智榮昌。

詩曰：「胸為血氣之宮庭，平廣方而衣祿，若是偏斜並凹凸，定知勞碌過平生。」

腰，位於人的中部，是人體活動的中樞，在體育比賽中，各種動作都是以腰為軸心在運動。可見，腰之於人來講，是何等重要。古人認為，腰以端正、豐厚為佳。以偏窄、單薄為差，且腰主中年運氣。所以，古人常說「狹腰不貴」。腰是腹之心，一生之安危，全依賴於腰，一個人的腰若端而直，闊又厚，便是有福有祿的人；相反，腰偏而陷，狹而薄，定是貧窮之輩。

背的厚薄與豐陷，可決定人的一生的貧富。平闊而豐滿的背，一生少災多福。偏狹又低陷的背，一世多難而貧窮。背為人身之基址，有負重之功用。所以背脊有「骨隆然而起，如同伏龜，此有官至太守」之說。背貴豐厚平闊形同「壘」字。

腰與背的聯繫是緊密的：無背無腰，窮苦終生；有背無腰，少年平凡，中年停頓；有腰無背，早年貧苦，中年順達；腰背俱佳，自然就富貴雙全。

古人云：「腰者，如腹之山，如物依山，以恃其安危也。故端而直，闊而厚者，福祿之人也；偏而陷，狹而薄者，卑賤之徒也。是以短薄者多成多敗，廣大者祿保永終，直而厚者富貴，細而薄者貧賤，凹而陷者窮下，婀而曲者淫劣。」

又云：「背宜長不宜短，宜厚不宜薄。坑陷者貧賤之人，平闊豐厚，則安於一身矣。」

乳，與血脈的精華相通，分居胸之左右，它是哺育子女的器官，辨別貴賤的標準。乳闊而黑，垂而墜為佳；忌狹而白，曲而細。雙乳之間距一尺二者，至貴；距一尺者，次貴；乳頭大，志氣高，小則性格怯懦。

臍，乃筋脈之舍，如同腑臟之開關。臍孔深又大，聰穎又有福；淺窄者，愚蠢淺陋；臍向上，富貴；向下，貧賤；臍孔的部位低，此人有遠見；反之，則鼠目寸光；臍孔凸出者，淺而小者，都是惡相。

古人云，臍為筋脈之關舍，六腑總領之關甘；深闊者，智而有福；淺窄者，愚薄；向上者，福智，向下者，貧愚；低者思慮遠；高者無識量；大能容李，名播人耳；或凸而生，淺而小，非善相也。

詩曰：「臍為腑腚之外表，只要深寬怕窄小，向上則智向下愚，此理凡人知多少。」

以上所述是關於「容」的一些相關知識。所謂「容貌」，包括「容」和「貌」兩個概念。容是「姿容」，一方面指手足、腰背、胸腹、乳臍等，一方面指人在坐、臥、行、走等方面顯示出來的舉止、情態以及言語談吐、喜怒哀樂等。實際上，「容」一是指身體，二是指透過身體所呈現的舉止、情態。身體是實在的物質的東西，看得見摸得著，有形狀、顏色、品質、體積等。身體是「容」的基礎。而後者即身表現出的情態，是雖能看見聽見卻摸不著、無品質的虛象，是道家所謂「有形無質」的東西，是容的表現形式，此兩方面互相聯繫、相互影響、相互制約。在對具體某人進行觀察時，要注意全面地從整體上來把握研究。

貌，指人的臉部形象，如ㄩ眼耳舌鼻等等的動態與靜態時顯出的個性特徵，從廣泛的意義來看，貌不僅是臉部，而是整個頭部，如印堂、下巴等，同容一樣，貌也有兩個部分，一是口眼耳舌等實際存在的人體器官，它是「貌」的物質部分，即基礎。二是這些器官表現出來的情態，是臉的精神表現，屬虛象。

「容以七尺為期，貌合兩儀而論」。這句話有這麼幾層意思：「容」和「貌」是兩個概念，有各自的含義，不能混為一談，此其一也。「容」指人的整個身體及其表

現出來的情態，「貌」則是指天庭至地閣之間的整個臉部，此其二也。容的範圍限七尺之軀，「貌」範圍在「兩儀」之間，此其三也。

總論容貌，還有十美、十清的說法。聲音先小後大為一清。古人云：貴人聲音出丹田，氣實喉寬響又堅。又云：木聲高唱火聲焦，和潤金聲福壽繞。身上毛髮宜細軟為二清。毛髮即如山林欲潤而輕軟而細。齒如玉為三清。書云：欲識貴人相貴人，齒長紅潤紋如絲，指長為四清。耳白兼紅潤為五清。書云：耳白過面，朝野聞名。又云：耳白唇兼眼秀，何愁金榜不提名。髮潤眉黑為六清。髮齊過命門為七清。至瘦極血潤不露骨為八清。此件極貴至瘦乳硬為九清。臍深為十清。此十清如得一二可取有貴之格。十美之說：掌軟如綿目秀為一美，主三品之格。一身之肉如玉如珠為二美，主二品之格，凡瘦頭圓為三美，然不過小貴。耳後肉起為四美，主富貴。陽裏香汗潤色長明為五美，主大貴。超群身面黑而掌心白乃陰內生陽為六美，主文職。大頭眼清唇紅為七美，主武職。人小聲清為八美。目有夜光為九美。十八鬚清香者為十美，主早登科第。前言貧者何官何府也，五六三停自然不同，神衰色暗天偏地削日月不明，山嶽不朝河流不流林木不潤，皮土不瑩血氣不華，俱是貧窮之相，乃天地不正之氣也。夫賤者又與貧相不同，語言多泛，頭兼額銷日月失陷，星辰不匀部位不停，長短不配俱乃賤格也。

曾國藩認為，一個人頭部圓圓，一定富貴；眼睛流露善意，心底必定慈悲；眼睛橫豎，性情剛烈；眼珠暴突，性情兇惡；眼睛斜視不語，心懷妒忌不滿，近距離細看則神情內藏不露。性情溫柔的人容貌平和，臉色青藍的人多遭困頓，臉色紅黃不改的人一定榮昌，面上有黑白色，疾病不斷，面土紫色，福祿晚至，面上赤紅色，必有犯官作亂之事。眉毛平直如一字，仁義之人。鼻頭尖薄，定是奸險孤貧之人。鼻頭圓圓，好似截筒，定居高位。眼珠黑如點漆，富貴聰明。四字口，朱紅唇，日月二角朝向天倉，此是公侯之相。眉毛高翹，兩耳聳起，官運亨通。

應該指出，儀表可以顯示一個人的性情、能力、福澤等。因此，每一個器官都有許多形容詞，因其人的身份不同，形容詞的涵義亦會發生極大甚至截然相反的變化。

古人認為人的面相、臉型與人的成就具有密切關係。清朝舉人會試三科不中，而年齡漸長，苦生計艱難，需要俸祿來贍家時，可申請「大挑臉」。純然以貌取人，而以一字為評，長方為「同」字臉；圓臉為「田」字臉；方臉為「國」字臉，這都是能挑中的好臉；而冷落的則有上豐下銳的「甲」字臉；反之即為「由」字臉；上下皆銳則為「中」字臉。均不能重用。

就相貌來看人，最要緊的是「五官端正」。端正即是勻稱之意，「五短身材」之所以相法上為貴格，就在勻稱。就五官的個別而言，男子眉寧粗勿淡，眼寧大勿細，

鼻寧高勿塌，口寧闊勿小，耳寧長勿短，當然要恰如其分，過與不及，皆非美事。

明建文二年（西元一四〇〇年）策試中試舉人有個叫王良的對策最佳，但以其貌不揚，被抑為第二，原本第二的胡靖擢為第一。後來惠帝亡國，倒是王良以死殉國，而胡靖卻投靠了永樂皇帝，做了高官。明英宗對朝臣的相貌也特別看重，天順時，大同巡撫韓雍升為兵部侍郎，英宗發詔讓大學士李賢舉薦一個與韓雍人品相同的人繼任。李賢舉薦了山東按察使王越。王越人長得身材高大，步履輕捷，又喜著寬身短袖的服飾，英宗見後很是滿意，說：「王越是爽利武職打扮。」後來王在邊陲果然頗有戰功。

【人才智鑑】

袁天罡識別武則天

袁天罡是唐代著名的術士，善識鑑。一次，他路過利州武則天家，見到武則天的母親，說：「觀夫人之相，必生貴子。」武氏將她的兒子武元慶、武元爽召來，袁天罡看了他們的面相以後說：「此二子皆保家之主，官可至三品。」見韓國夫人（則天姊）說：「此女亦大貴，然不利其夫。」當時，武則天的乳母將武則天抱來，武則天一身男孩子打扮，袁天罡一見武則天便說：「此郎君神色爽徹，不可易知。」他讓武則天在床前走了幾步，並讓她舉目上看。袁天罡大驚道：「此郎君龍睛鳳目，貴之極也。」他又讓武則天轉過身去，相了她的背相之後大驚，說道：「若是個女孩，實不可窺測。後當為天下之主矣！」（見《舊唐書．方伎傳》）這也許是傳說，未必當真，但透過一個人的神采、面相和骨相來識鑑一個人的品質、才能甚至於前途，當是可能的。

第二節　考察儀容

容貴「整」

五短多貴，兩大不揚

負重高官，鼠行好利

【原典】

容貴「整」，「整」非整齊之謂。短[1]不豕[2]蹲，長[3]不茅立，肥不熊餐[4]，瘦不鵲寒，所謂「整」也。背宜[5]圓厚，腹宜突坦，手宜溫軟，曲若彎弓，足宜豐滿，下宜藏蛋，所謂「整」也。五短多貴，兩大不揚，負重高官，鼠行好利，此為定格[6]。

他如手長於身，身過於體，配以佳骨，定主封侯；羅紋滿身，胸有秀骨，配以妙神，不拜相即鼎甲⑦矣。

【注釋】

①短：指人的身形矮小。
②豕：指豬。
③長：這裡指人的身材高大。
④熊餐：指進食的熊。
⑤宜：適合。
⑥定格：固定的樣子。
⑦鼎甲：志向遠大，前途無量。

【譯文】

人的姿容可貴之處就在於「整」，這個「整」並非整齊劃一的意思，而是要人整個身體的各個組成部分要均衡、勻稱，使之構成一個有機的完美的整體，就身材而言，人的個子可以矮但不要矮得像一頭蹲著的豬；個子也可以高，但絕不能像一棵孤單的茅草那樣聳立著。從體形來看，體態可以胖，但又不能胖得像一頭貪吃的熊一樣臃腫；體態瘦也不妨，但又不能瘦得如同一隻寒鴉那樣單薄。這些就是本節所說的「整」。再從身體各部位來看，背部要渾圓而厚實，腹部要突出而平坦，手要溫潤柔軟，手掌則要彎曲如弓。腳背要豐厚飽滿，腳心要空，空到能藏下雞蛋則佳，這也是所謂的「整」。五短身體雖看似不甚了了，卻大多地位高貴，兩腿長得過分的長往往命運不佳。一個人走起路來如同背了重物，那麼此人必定有高官之運，走路若像老鼠般步子細碎急促，兩眼又左顧右盼且目光閃爍不定者，必是貪財好利之徒。這些都是固定格局，屢試不爽。還有其他的格局：如兩手長於上身（最好超過膝蓋），上身比下身長，再有著一副上佳之骨，那麼一定會有公侯之封。再如皮膚細膩柔潤，就好像綾羅佈滿全身。胸部骨骼又隱而不現，文秀別致，再有一副奇佳的神態的話，日後必然志向遠大。

【評述】

從外貌鑑別人才，最容易流於主觀判斷，但社會閱歷豐富的人，總能從外貌發現一個人的若干特徵。從外貌鑑別人才，「整」是其規律的好方法。

以高矮胖瘦來談論人才，道理仍在一個「整」字。

身材高長也無妨，高者自有高的優勢。如打籃球，反而以高為貴。身材也以高的

為美妙，如時裝模特。高雖然好，但如果高長如風中茅草，雖長立在眾物之上，風吹即搖擺不定，自然難以負重挺拔，終不可用。

肥也無妨。胖為美，瘦為美，各時代標準不一樣，每一個人喜好也不一樣。以胖為美者喜其豐滿，以瘦為美者喜其纖麗，不可一概而論。胖，如無臃腫虛浮之態，胖得像貪吃懶惰的肥態，不失其靈便有力的特徵，當然也是好的，自有其特長和用處。

瘦也無妨。瘦，如果不輕佻浮揚，不像風中竹竿，不像寒冬孤鵲，有穩重端厚感，有盤有骨，筋勁骨植，高而不虛，長而不弱，輕而不飄，瘦而剛勁，當然也是不錯的。

曾國藩以長短肥瘦而論，只要調停中和，互補互用，勻稱協調，折中均衡，即可為用。如果短過了頭，如卵石亂堆，不成形貌，自然醜陋無用；長過了分，如內中長篙，纖弱單薄，自然不為棟樑；肥過了度，如惰食笨熊，臃腫虛浮，呆頭呆腦，自然不能當眾獸之王；瘦削了豐腰之美，則形吊影單，孤苦淒弱，無力與災難疾病抗爭，缺乏生命意志，自然難有成就。所謂「楚王好細腰，宮中多餓死」即是一例。長短肥瘦的標準，就是以「不茅立」、「不豕蹲」、「不熊餐」、「不鵲寒」為標準。長短肥瘦論人整體態勢，是遠觀的姿態。背腹手足則論述容貴整的若干細節形態，作長短肥瘦的補充。長短肥瘦不以美醜為標準。腹背手足也不以形狀和美醜、膚色論人前程和才能，而是論其特點。

曾國藩認為，背宜圓厚，厚能負重，是擔當大任的象徵；圓可通融，是立於群人之中左右逢源、四通八達、行事有分寸、做事會靈活通變的象徵。腹宜突坦，腹部外突不失平坦之徵，表明有承受大任、突出在眾人之外之象，但又有平坦之勢，供億人平穩生活之地。這樣的人才能有為他人謀福祉的的寬闊胸襟。

手宜溫軟，是貴人之相。大凡有地位有權勢有財富的人，脫離體力勞動多年，養尊處優，即使如劉邦一樣早歷艱辛的人，體勢勁力已大變，手上的毛繭已消失得乾乾淨淨，反而成了溫軟之物，再加上香薰玉熨，怎是勞動人民的粗硬大手可比了。足宜豐滿，下宜藏蛋。這一點可用現代生理解剖學來解釋。足分弓形足和扁平足，概源於骨骼構造。弓形足高的，足弓下可藏下雞蛋。扁平足不利於足部血液循環，不勝長力行走，而弓形足彈性好，行動迅捷，血液循環快，不宜疲勞，宜於長足跋涉，因此是軍人必備條件之一。

此外，曾國藩觀人相貌，也講究「以奇為貴」。在容貴整的三種表徵之外，另有一種以奇為貴的特例。這就像兵法上有奇正結合之說，鑑別人才時也有奇正全偏的區別。奇人異士往往超出五行，不合常理，但卻奇得不凡。

我們已經知道，人體各個部位都與五臟相關聯，而五臟又有各自的屬性，這屬性

是指五行金木水火土的特質，這就是「胸腹手足，實接五行」而「耳目口鼻，全通四氣」，說的是五臟之氣與四時之氣互相呼應，通過耳目口鼻各竅而相通。

古代聖人追求的最高境界是「天人合一」，「胸腹手足能接五行，耳目口鼻能通四氣」，就是強調人與自然和諧的關係。古人認為，人是一個由身體各部位互相配合、互相作用的整體，各部位應相顧相稱、和諧生動。所以，三停平等而勻稱，大小不虧——即該大者要大，該小者要小。「相顧相稱」是說胸腹手足互相般配，耳目口鼻相互照應，只有這樣，才符合自然之理，即能表明身體健康，還表明其粗不凡，所以才有「相顧相稱則福生」之說。反之「如背如淒，林林總總」，當然是指人體各部位生拼硬湊，紛紜雜亂，這樣的人自然「不佳」，所以不值一提。

以容止觀人，由來已久。《大戴禮記．少問篇》記載「堯依據人的容貌設官授職。」《孝經》裡有「容貌舉止可以觀瞻，進退有據，可為法度」的記載。《禮記．曲禮》：「步履要穩重，手勢要恭敬，目光要端莊，口氣要和藹，聲音要恬靜。頭頸要靖直，氣色要肅穆，態度要端莊。」這樣的說法由來已久了。《漢書．五行志》裡記載的因容貌不恭敬而獲罪取咎的事例達十幾條。其中關於舉止的有三條；《漢書．五行志》的敘述雖然很拘泥瑣碎。但也為後人為人處世，提供了正、反兩方面的鑑戒。富有很深的意義！這裡羅列如下：《春秋左氏傳》記載：桓公十三年，楚國的大將屈瑕討伐羅國，鬥伯比為屈瑕送行。回來時鬥伯比告訴他的車夫說：「屈瑕這次一定要失敗，舉止高傲，心思不定啊！」於是馬上晉見楚國國君，告訴對於屈瑕的看法。楚國國君馬上派人追回屈瑕，最終是來不及了。屈瑕率軍攻打羅國，路上不加防備，到了羅國，羅國嚴陣以待，予以抵抗，屈瑕大敗。自殺而死。

僖公十一年：周朝派遣內史過向晉惠公頒賜詔命。晉惠公接受玉器時顯得很懶惰。完成使命後，內史過告訴周王說：「晉國國君大概要斷子絕孫了！國王您頒賜詔命於他，而他接受玉器時卻顯得很懶惰。這已是自暴自棄了，怎麼能有繼承之君，禮儀是國家政治的重要事務；恭敬是安身立命的重要途徑；如果為人不恭敬，就會禮儀不通行，禮儀不通行，就會君臣上下昏亂不堪，這樣一來，國家如何能長盛不衰？僖公二十一年，晉惠公死去，晉懷公繼位為君，而晉國人殺死晉懷公，另立晉文公為君。

成公十三年時：晉國國君派郤錡去魯國請求軍事支援，而郤錡在處理與魯國的事務時很不恭敬；孟獻子便說：「郤家難道要亡了嗎？禮儀是為人處事的要事，恭敬是安身立命的基礎；郤錡為人處事不得要領，安事立命沒有基礎！而且郤錡是先朝國君留下的輔弼大臣，接受命令出使魯國，請求軍事援助，應該以國家大事為重。然而郤錡卻置國家大事於不顧，怎麼能不滅身亡家？」成公十七年，郤錡氏家族滅亡。

成公十三年：各諸侯國國君朝覲周王，於是跟隨劉康公討伐秦國。成肅公在社稷壇接賑肉，態度很不恭敬；劉子說：「我聽說過這樣的話，人居天地之間，受命而生，這是上天的意志。也是命運的安排。所以言語行動、舉手投足要講究禮儀、注意威嚴，這樣才能順適天命。賢能的人因此而獲得上大的賜福，而不賢能的人因此而獲罪罹禍。所以君子要經常熟習禮儀，而小人只有出力賣命；熟習禮儀的關鍵要常存恭敬之心，出力勞作的關鍵是要謹慎篤誠，恭敬的目的在於供養神靈。而篤誠的目的在於保守家業。國家的重要軍國大事有二件，一是祭祀，二是征伐。祭祀時有執幡之事。征伐時有受賑之事。這都是供養神時的大禮儀。但是，成肅公接受賑肉時大為不恭。這不是反其道而行嗎？」當年五月，成肅公死去。

成公十四年：衛定公招待苦成叔。寧惠子任相職。宴席上，苦成叔態度倨傲不禮，寧惠子說：「苦成叔家要敗亡了！古時候，宴請別人是為展示威嚴禮儀，免災去禍！所以《詩經》有這樣的詩句：『犀牛角杯也陳列，美酒那樣的溫和，既不求取，也不倨傲，只是祈求萬福來臨。』現在苦成叔態度倨傲不禮，這是招致禍患的事啊！」過了三年，苦成叔家族便敗亡了。

成公十六年：晉國國君在周朝都城大會諸侯，單襄公看到晉厲公高視闊步，目中無人，就告訴魯國國君說：「晉國恐怕將有大亂出現。」

襄公七年：衛國的孫文子出使魯國。魯國國君登上壇台，孫文子也跟著登上，叔孫穆子擔任相職，看到這種情況就走上前去說道：「在各國諸侯會集的時候，我國國君從來都是走在衛國國君前面，今您卻和我國國君並行而登，儘管我國國君沒有意識到這件事，您難道能心安理得嗎？」孫文子一句話也沒有說，但也沒有承認錯誤，請求原諒的意思。叔孫穆子便說：「孫文子一定會敗亡！身為臣子，卻冒行君禮，知道犯錯而毫無改過從善之意，這是家敗人亡的事啊。」襄公十四年，孫文子因驅逐衛國國君而最終叛逃外國。

襄公二十八年記載：蔡景侯從晉國回國，途經鄭國時，鄭國國君宴請蔡景侯，蔡景侯態度不恭。子產說：「蔡國國君肯定逃脫不了禍患！他犯的錯誤太大了。以前國君派子展前往東門犒勞軍隊，而子展態度倨傲不恭，我說過：『要更換這個人！』現在蔡國國君接受宴請而傲慢不敬！蔡國是個小國，對待大國怠惰不敬，自以為是，必將難逃死禍！如果蔡國國君出現禍患，肯定是由他的兒子引起。荒淫奢侈，不守父道。這樣的人肯定子孫會出現禍患！」襄公三十年，蔡景侯便被他的太子般殺死。

襄公三十一年，衛國的北宮文子出使楚國。見到楚國令尹圍的儀仗規模很大，逾越了規矩。回來後對衛國國君說：「楚國的令尹派頭很大，好似國君一般！他恐怕會有別的想法，雖然能實現他的願望，但最終不會有好的結果！」衛國國君說：「你怎

麼能知道呢？」北宮文子回答說：「《詩經》裡有這樣的詩：『恭敬謹慎，注意威儀，是百姓取法的準則。』現在楚國令尹沒有威儀，百姓也就沒有取法的準則了。無法給百姓提供取法準則的人，在上位治理天下，是不會有善終的！」襄公三十一年，魯國國君駕崩，季武子等人準備立公子稠為國君。而穆叔反對說：「這個人啊，居喪時根本沒有哀痛的表情，悲痛的時候卻面呈歡欣快樂，這就是沒有規矩尺度。沒有規矩尺度的人，很少有不招惹禍患的。如果立他為魯國國君，季家肯定會有麻煩！」季武子不聽穆叔的勸阻，終於立公子稠為國君。舉行喪禮時，三次更換喪服，不守喪葬之禮，這就是魯昭公；魯昭公立後二十五年，聽從臣下攻打季家，結果兵敗出奔，死在外國。

魯昭公十一年的夏天，周單子在戚這個地方集會，周單子視線低下，言語遲緩，晉國的叔向據此認為「周單子一定會有死難臨頭！」

魯昭公二十一年三月，安葬蔡平公，蔡太子臯失去君位，而地位很卑下，魯國參加葬禮的官員回來後告訴魯國的昭子，昭子感歎說：「蔡國要亡了，蔡國要亡了！如果蔡國不滅亡，這樣的國君，也不會有善終！《詩經》說：『君主對政事不懈怠。百姓才能得到休養生息！』現在蔡國國君剛剛即位，而原來的太子就貶處賤位。這將怎麼辦！」十月，蔡國國君出奔楚國。

定公十五年：邾國國君邾隱公來朝見魯國國君。邾隱公高高地捧著玉器禮物，仰望著魯國國君，而魯國國君接受玉器禮物時漫不經心地俯視著邾隱公。子貢看到這個場面，說道：「按照禮儀規則來看，兩國國君都不會有好的結果；所謂禮儀，是國家生死存亡的根本大事，在左右周旋、進退俯仰之中表現出禮儀的精神；朝覲、祭祀、喪葬和征伐是禮儀中的大事。現在兩國國君在春天朝覲時都不守禮儀法度，守禮遵儀之心已經喪失了！朝覲時都這樣不守規矩，如何能長久？仰望魯國國君是驕妄，俯視邾國國君也是非禮之舉！驕妄近利乎叛亂，隆替近乎損身。君主是國家的首腦。國家要亡了！」

從以上所引用的例子可以看出。如果容貌恭敬就是吉利。如果容貌不恭敬就會怠惰、倨傲、驕縱、衰落。這樣一來就會有禍患。如果舉止端莊則吉利，如果舉止不端莊，如步履太大，高視闊步，站位不當就會有禍患。這些觀點都是根據人情事理，因陰陽五行災異之說迥然有別，只不過是論述容貌的地方比論述舉止的地方多一些罷了！然而如《後漢書》記載漢桓帝時梁冀秉持國政，兄弟富貴盛極，驕傲自恣，喜歡驅馬駕車，長驅直入，甚至回家時仍然馬不停蹄。長驅而入，老百姓稱其為「梁家滅門驅馳」，後來梁冀兄弟及家人便被誅滅。《三國志注》記載管輅曾說鄧颺走路時好像沒有筋骨，一堆走肉；站立倚靠時好像投有手足一樣，把鄧颺比為「鬼躁」，意為

像鬼一樣浮躁。《續世說》中記載張融的舉止毿繸奇特，平常居坐是腳膝端正，走路時則拖遝緩慢，昂首翅身，花樣繁多，見到他的人都很驚異，圍觀的人好似市場一般，但張融卻面無慚色，如無事般，齊高帝曾經說：「這種人沒有也不行。但是絕不能有第二個！」這裡就是容貌、舉止兩者並論了。

容貌舉止察人，尤其是一個人的頭部更為重要。頭為人的神明之府，人的智慧都集中在頭部。所以觀頭識人智慧應該說是比較科學的。

⑴四方型：或稱實業家型、運動家型。這種頭面型前額上部方形，方下巴，身體亦隨之有方形的趨向。這種頭面型造就的是大將領、實業家、運動家、飛行家、探險家。這種頭面男子較多，女子較少。這種人精力充沛，生性活潑，喜運動，好冒險，不受拘束，好自由，喜戶外生活。這種人不愛談理論，而講求實際，卻有建設性。他們的身體很能耐勞，吃得苦中苦。他們的缺點，就是不喜歡讀書，智力懶惰，不善思考問題，所以他們只好用他們的手及身體，實地去做或執行思想家所計畫的事情。

⑵長方型：頭窄，長臉，有點長方形。這種頭面型的人，擅長外交手腕，喜交際，友善和氣，態度溫和有禮，很聰明，機警。這種人欲達到目的，決不動武力，而用他的機智、外交手腕、計謀。這種人女性較少。這種人做一個外交家、推銷員很合

適。但缺點是缺乏魄力和執行力，且不善理財。

(3)圓臉型：英國著名相家柏里先生在分析頭面時，發現這種頭面型圓的人，其身體也圓，其為人處事也是四面圓通，八面玲瓏。這種人永遠是樂觀的，對一切都感到安然愜意。所以，這種人永遠是和氣、幽默、可親的。這一種人天性愛好享樂，愛吃貪睡，結果身體愈胖愈不免懶惰。這種人如果是女性，則還要加上聰明伶俐，討人喜歡這一優點。這種人擅長管理行政，很有理財的才能。當我們提到某某商界富豪、某某工業巨頭、某某銀行董事長，就會聯想到一個臉孔圓圓的肚子大大的胖子形象。

(4)橢圓型：或稱鵝蛋型。這種人若是男性，則很穩重，多思考，少說話，心裡很明朗，做事一絲不苟。討人喜歡，宜做行政、經理之職業。這種人的缺點是自私心重，死愛面子，經不住外來打擊。這種人若是女性，聰明過人，愛讀書，好藝術，會管理家務，為人溫和，討人喜歡，宜做教師、醫生、文秘等職業。這種人的弱點是頭腦簡單，心胸狹窄，易衝動。

(5)三角型：或稱智慧型、理想型、藝術型。這種人的頭面型是前額高而寬，下巴尖，臉型如一個倒三角形。這種人智力靈活，好深思，善推理，愛鑽書本，富於創造力，生性聰明，足智多謀。這種人的弱點是體質弱，缺乏活力，戶外活動過少，不慣於體力勞動，容易衝動。發明家、設計家、文學家、教育家、評論家、思想家多屬於

此種類型。

(6)殘月型：這種頭面型的特徵是，前額後傾，鼻樑高，唇部突出，下巴短而後縮，呈「(」型。這種面型的人，智力極佳，思想極快，行動敏捷，善觀察，富創造力，喜進取。這種人的個性可以用一個「快」字來表示。所以，這種人的缺點是過於性急，欠深思熟慮，常常遇事妄動。故有云：「面中仰而人不義，蓋其人常妄動的緣故。」這種人，言多而直爽，故易失言。這種人雖然反應快，但都是三分鐘熱情，缺乏持久性，而且易衝動，易發怒。

(7)反殘月型：這種人的頭面型特性是，前額突出，眼眉部分平坦，鼻子低，唇部短縮，下巴突出，呈「)」型。這種頭面型的人與前面殘月型的頭型正相反，他的個性可以用一個「慢」字來表示。思想、行動皆緩慢，一切吞吞吐吐，不急進，性情固執，想法不切實際，缺乏創造力。但是，這種人卻因此養成一種謹慎、不盲從、不衝動的性格來。這種人處世鎮靜從容，理想重於感情，一切三思而後行，不輕舉妄動，動則有收效。故相書云「面中凹而機謀深」。故這種人惹禍少，能忍耐，有持久力，態度溫和，隨遇而安，都是其優良的性格。

(8)平直型：這種頭面型的人數較多。它的特徵是：前額平直，鼻樑平直，嘴與下巴也平直，上下成「|」線型。這種人的性格常常在深思及盲動之間，所以易趨於猶

豫不決。其心境常處於平靜如湖水，有時也如波濤翻滾，左右搖擺不定。這種人如鼻樑骨突出一些，是智慧的象徵，事業成功多於失敗。但如鼻樑骨陷塌，鼻孔上揚，則往往是愚昧型，事業失敗多於成功，或者是一生碌碌無為，災難頻頻。

⑼縮額型：額頭後傾，眼眉高挑，高鼻樑，嘴唇短縮，下巴長而突出，如一個「∠」型。這種人因前額後傾，所以思想敏捷，智商高，下巴長而突出，所以行為慎重。他的性格是重實際，有魄力，善謀略。這種人是領袖人才，組織力強，雄辯家。其弱點是易趨專制，固執己見，疑心重。假如你是一位未婚的先生，要去追求這種頭面型的小姐，你最好要有耐心，不妨多花些時間。因為這個小姐或者心已屬於你，只是她還沒找到行動的時機而已。

⑽啄額型：這種頭面型的人的特徵是，前額突出，眼眉平坦，鼻子低平，嘴唇突出，下巴短縮。這種人的行動快於思想，故不易於先有周密的計畫而後行動，常常不免輕率疏忽，所以每每行動後再後悔。這種人不大重實際，重理想，人也聰明能幹，口才好，常常也會做幾件成功的事，令人誇讚。但是，這種人易於衝動，缺乏忍耐力，領悟性較弱。假使讀者諸君想戀愛早日成功，奉勸你去尋找這樣的對象，成功率很大。中年脫髮禿頂從而使額頭與頭頂連為一體，是善於理財的表現，有掌管錢物的能力。

站立要像喬木松柏一樣，端坐要如華山泰嶽一樣。前進要像太陽一樣朗朗正正，意氣垂豫，不疾不徐；後退要如流水一般，步履輕盈、態度安詳，既不顛蹶，也不背逆，這樣的人是高居上位的君子之相。站立時容貌端肅像齋戒一樣，端坐時容貌如同參加祭祀一樣，拜見高貴顯榮之人時。不自覺地浩浩落落，步履輕飄；辭別孤立無援、貧寒微賤士人時，不自覺地依依不捨，步履徘徊，這樣的人是身處下位的君子。在眾人矚目的地方。落坐時故意作莊嚴肅穆狀，於稠人廣眾之中，進退舉止，故意裝作安然舒泰。站立落坐都不端正，手腳不停地搖擺，進見時驚慌張惶、舉止失措，遇去時則急走快跑，形象慌張，肩聳，背搖，是身居下位的小人。

【人才智鑑】

「龍行虎步」的宋武帝劉裕和宋太宗趙匡義

中國歷史上，曾有兩位大名鼎鼎的帝王被稱作有「龍行虎步」之姿：一位是南朝時的宋武帝劉裕，小名寄奴。東晉後期，桓溫專權，欲效禪讓之舉，但終究未敢輕舉妄動。桓溫去世後，桓家頗受猜忌，其子桓玄在朝中屢受排擠，但最終還是堅韌不拔、一步一步地再次操控了權力之樞，並逐步顯現出完成乃父未竟事業之志。在桓玄欲篡未篡之時，劉裕駐守京口，勢力龐大，頗為桓氏所忌。桓玄即位後，本想除去劉裕，但考慮到天下未穩，正是用人之時，所以決定先利用劉裕平定關洛，再徐圖除之。當時，桓玄的妻子劉氏對他說：「劉裕龍行虎步，視瞻不凡，恐不為人下，宜蚤為其所。」桓玄沒有聽從她的建議，放虎歸山，終成覆滅之患。後來，劉裕以恢復晉室之名起兵討伐桓玄，盡誅其族，迎還晉安帝。其後又展開聲勢浩大的北伐戰爭，攻南燕，滅慕容，逼秦魏，奪洛陽，光復長安，幾乎一統中國。後來因個人權力欲望膨脹，放棄中原，急匆匆回江南建國，而大失所望，沒有成為平定天下的一代人傑。但其人以布衣寒門之身歷經艱險而成為劉宋開國之君，擁有南朝三百年最可觀的半壁江山，其威武之姿在歷史上亦是飽受褒揚、久享盛名的，所以，辛棄疾用「金戈鐵馬，氣吞萬里如虎」來盛讚劉裕北伐時的赫赫氣勢。這則故事一方面說明桓妻劉氏頗有鑑人之略，另一方面也驗證了好的行姿的確可以反映出一個人的氣度、胸襟與膽識。

另一位被稱作「龍行虎步」者也是宋帝，只不過是時隔數百年後的北宋太宗皇帝，即趙匡義。宋代的開國史是非常複雜且充滿傳奇色彩的，特別是太宗趙匡義接太祖趙匡胤之位接得不明不白，留下了「斧聲燭影」的千古謎團。《宋史》記載，太祖曾經有一次對周圍侍從說：「晉王龍行虎步，必為太平天子，福德非吾所及也。」這裡的晉王即是指趙匡義。趙匡義在尚未稱帝前，被封為晉王，軍功、能力、威望皆不凡，政治地位在宰相之上。大宋天下初定時，根基未穩，需要德高望重之人努力經

營，因此趙匡胤也的確有過兄死弟及的想法，但隨著軍事征伐的結束，「偃武修文」已經成為宋代的基本政策走向，此時，太祖即便是啟用年輕的兒子德芳，也基本可以掌控局勢，於是又有了新的立儲之念。就在這關鍵年頭，太祖突然背傷復發，迅速不治，且離去時只有其弟趙匡義在身邊，因此在歷史上留下了一段非比尋常的詭異故事，讓後世人唏噓不已。趙匡義後來畢竟成為了大宋的第二位皇帝，所以正史必然會對這段「兄弟相殘」的往事作一些粉飾或者說是必要的鋪墊，因此「龍行虎步」這段話是否真的出自趙匡胤之口恐怕還是存有一些疑問的。姑且不去討論這段陳年往事，無論這段話是宋太祖發自內心的讚美之辭，還是其弟為了起到「名正言順」的效果而加入正史的一段自我爆料，都說明趙匡義的確儀姿非凡、氣度雍容，至少他自己是有這份自信和自詡心情的。

第三節　考察外貌

科名星見於印堂眉彩
陰騭紋見於眼角，陰雨便見
得科名星者早榮，得陰騭紋者遲發

【原典】

貌有清、古、奇、秀之別①，總之須看科名星與陰騭紋為主。科名星，十三歲至三十九歲隨時而見；陰騭紋②，十九歲至四十六歲隨時而見。兩者全，大物③也；得一亦貴。科名星見於印堂④眉彩，時隱時見，或為鋼針，或為小丸，嘗有光氣，酒後及發怒時易見。陰騭紋見於眼角，陰雨便見，如三叉樣，假寐時最易見。得科名星者早榮，得陰騭紋者遲發。兩者全無，前程莫問。陰騭紋見於喉間，又主生貴子；雜路⑤不在此格。

【注釋】

①清、古、奇、秀：這裡指人的氣質有清秀、古樸、奇偉、秀致的分別。

②陰騭紋：陰騭紋原指默默的使安定的意思，後來專指陰德，陰騭紋就是陰德紋，但在相學中卻是泛指人作善或作惡後而表現於面上的紋或神與色。

③大物：大人物，在某一個領域取得大成就的人。

④印堂：人面部的一個部位，在額部，當兩眉頭之中間。印堂在玄學中屬於面相學，有名「命宮」。這是看人相的最重要的部分。從印堂的寬窄程度、色澤、顏色，可以看出一個人的運氣的好壞，禍福吉凶。印堂飽滿，光明如鏡是吉利之相。人逢好

運此部位有光澤、帶紅潤。運氣不好時，印堂晦澀，失去光澤。印堂低陷窄小，或有傷痕黑痣，不吉利之相，必定貧寒，而且剋妻。

⑤雜路：其他的地方，別的部位。

【譯文】

人的面貌之相有清秀、古樸、奇偉、秀致的分別。這四種相貌主要以科名星和陰騭紋為主去辨別，科名星，在十三～三十九歲這段時間隨時都可以看到。陰騭紋，在十九～四十六歲這段時間也可隨時看見。陰騭紋和科名星這兩樣都俱備的話，將來會成為人物，能夠得到其中一樣，也會富貴。科名星顯現在印堂和眉彩之間，有時會出現，有時又隱藏不現，形狀有時像鋼針，有時如小球，是一種紅光紫氣。在喝酒之後和發怒時容易看見，陰騭紋出現在眼角之處，遇到陰天或下雨天便能看見，像三股叉的樣子。在人快要睡著的時候最容易看見。有科名星者，少年時就會發達榮耀，有陰騭紋者，發跡的時間要晚一些。兩者都沒有的話，前程就別問了。另外，陰騭紋若現於咽喉部位，主人喜得貴子。若陰騭紋出現在其他部位，則不能這樣斷定，也就是不一定會得貴子。

【評述】

科名星實際上就是位於印堂和眉彩中間的一種黃光紫氣。大概這種光氣是吉兆，所以用星冠其名，況且，它處在面部三停中的「天停」。自然是「得科名星者早榮」，科名星在十三～三十九歲這段時間隨時可見，但是其形不易察知，只有飲酒和發怒時會因氣血衝動而顯示出來。其形狀也看得見了，有時像鋼針，有時像小球。

我們已經知道，陰騭紋是靠後天的修養和積善積陰功而形成的，但為什麼積了德就能使面部布上陰騭紋呢？這究竟是主觀臆斷，還是確有其事呢？

花花世界，令人快樂的事情不可勝數，美味佳餚、富貴榮華、功名利祿、美女豔婦、風花雪月、時裝名車等，但這些都不過是人欲滿足後的短暫快感，之後，會有空虛感，又會產生更大的欲望，如此循環反覆，並不能使人快樂。相反，倒有可能導致人性的異化。為什麼是這樣呢？大概因為這些都是「利己」，沒有「利他」，所以，快感轉瞬即逝，不能轉變成真止的快樂。只有為善的快樂會歷久彌新，這種快樂會融入靈魂，刻入記憶，由於它發自人的真情本性，即使歷盡萬劫，也會存在，並且不斷強化，並影響心理進而影響生理的變化，最終，變「心」為「形」而形成紋。眼睛是心靈的窗戶，因此，陰騭紋主要出現在眼角處。「相隨心生，相隨心滅」，「善有善相，惡有惡相」。這些古語都說明了相既有先天性、自然性，又有後天性、社會性。

陰騭紋原指默默地使安定的意思，後來轉指陰德，陰騭紋就是陰德紋，但在相學中卻是泛指人作善或作惡後而表現於面上的紋或神與色。

陰騭紋與其他紋相比很淺很細，所以平時皮膚稍脹就很難看見，只有陰雨天和似睡非睡之時，皮膚鬆弛，才容易看見。

科名星和陰騭紋，一為天生，一在人為，作者將兩者相提並論，目的是告訴世人，人的吉凶禍福，並非「萬般都是命，半點不由人」，而是可透過多行善積陰功而改變自已的命運。

陰騭紋，即三陰三陽之處，若光明潤澤，不枯不陷，而紋內黃明色能透出紋外，紫氣縈繞才靈驗。

今以精神、氣色、才智設九成之術以觀人：一精神，二魂魄，三形貌，四氣墜，五動止，六行藏，七膽識，八才智，九德行。凡精彩分明為一成，魂神慷慨為二成，形貌停穩為三成，氣色明淨為四成，動止安詳為五成，行藏合義為六成，膽識澄正為七成，才智應速為八成，德行可法為九成。

「陰騭紋為心中之靈苗，能挽回人間之造化，而變吉變凶者也。」呂尚的《無形篇》曰：「未觀相貌先觀心田。有心無相，相隨心生，有相無心，相隨心滅。」另：「心欲救人，口雖未言而眼現青蓮而睛定光，所以人之善惡因心而發於表也。」從上面相學名著中的論述我們就不難看出，陰騭紋不只是積善所表現出來的紋了，陰騭紋就是你作了善惡後或善惡未做之前所表現出來的、現於面相的紋或神色等的一些特徵。發於心而現於表，這裡所說的表就是陰騭紋和一些神色。

如果你是一個有慈悲之心、忍辱負重引人從善的人，面上所表現出來的就是一種祥雲照面和諧可親的神色；如果你是一個有仁有義忠廉正直的人，面上所表現出來的就是一種威嚴清肅的神態；如果你是一個奸貪而固執心懷鬼胎的人，你面上所表現出來的就是一種陰霾暗昧之色。從中我們不難看出，陰騭紋是隨你的「心」的變化而變化出來的「紋」。陰騭紋變化莫測，時隱時現，難以覺察，當成紋時比較容易看到，未發生時表現或色為氣，如果陰騭紋一現就說明你所作的善果與惡果將很快的得到報應。因為心已經表露於形了。在古法中陰騭紋要求要在天未亮而雞剛開始鳴叫時來看，或者在你大怒時色與紋因氣行而表露於面時，或者雷震之時或者夜晚天空皎潔之時，這四種情況看你的陰騭之神色與紋最易覺察到，如果在青天白日中看到的陰騭紋則說明你的禍福已經要到來了。

一些比較常見的陰騭紋。

(1)蠶肉起色明潤：這是一種比較常見的陰騭紋，也就是人們常說的陰騭紋現於眼下男女宮，這種紋大多是所謂的積了陰德而出現的紋了。一般來說這種紋表現為近期

多有喜事，特別是在桃花運和人際關係上很好，表示能得到賢妻貴子之相。

⑵懸針紋：只要大家注意觀察，這是一種常見的紋，特別是在中年人中較為常見，一般來說三十歲以前這種紋很少見。這種紋主要出現在印堂上，一般來說只在印堂上下部位出現，此紋極為靈活，但如果比較嚴重的會上穿中正下穿山根甚至年壽，這是一種殺傷力極強的陰騭紋，如果上穿中正則會對自己的事業前途造成很大的波折，如果下穿山根年壽不僅會對自身事業和身體造成傷害，還對妻子和子女也有刑剋，大小輕重則需結合其人的面相而定，但一定多多少少會造成傷害。如果一心從善積德則會減輕傷害，也因此懸針紋會「轉腳」。「轉腳」是說明懸針紋不向山根年壽穿過而是轉向鼻子兩邊，表示傷害已經發生或因為你積的德而減輕。

⑶蠹肉虛腫或生痣：這也是一種較為常見的陰騭紋。這紋與蠶肉難以分別。蠶肉一般表現為似蠶之形，並且色明潤，但蠹肉則是肉塊較大，色青而虛腫。蠹肉的出現一般來說是本人做了不善之事或有損陰德的事而表現出來的紋。一般來說主要表現為對子女不利或者感情不順或者老來孤獨晚景清涼。痣生在左主剋子，生在右主克女。子女大多皆不利。蠹（ㄉㄨˋ）蛀蟲。

觀人、相人，要相其內在的結構，要通其神。相人以形，通之以神，雖然並不能最終斷定一個人是否賢能之士，但卻是用人藝術中最為關鍵的一步，而且是實際的識人用人之道中被普遍遵循的。到目前為止，識人之術中的這種方法雖然不能稱之為科學，但卻是識人之術中最具藝術性的地方。評價一個領導者是否識人，正在於他在這方面的功夫和修養，因為科學並不能解決一切問題。這裡有劉劭的「觀人八相」。

「觀人八相」把人各種相分成八個類型，即威相、厚相、清相、古相、孤相、惡相、薄相及俗相。

⑴威相。即人體形貌具有威儀剛猛之相，其氣勢如同老虎出山林，百獸膽戰心驚；蛟龍騰四海，萬物莫不順服。其形是體貌高大，儀表堂堂，神情莊重，儀態威嚴，性情勇猛，不怒自威，有天儀之表，龍鳳之姿，生此相者，掌重權，具有很強的決斷力和行動力。

⑵厚相。就是厚樸穩重之相，其特徵是：度量如滄海能納百川，能容萬物；其氣宇如巨舟，引之不來而搖之不動。從體貌上看，正直厚實，舉止中正，性情又溫順和氣，行動老練持重。此相主有福有祿。生此相者，雍容大度，心底寬闊穩若泰山，平生多福又少風險。

⑶清相。即相貌清秀疏朗，氣度純和無一點雜質。正所謂「如桂林一枝，昆山片玉，灑然高秀，一塵不染」。體貌文秀清朗，姿容樸實端莊，神情自若，舉止輕捷，樸實無華，儀表溫雅，性格爽朗，思維敏捷，主大貴。生此相者，聰明睿智，靈活機

巧，做事有創造性和進取心，但有的清秀而不厚實，這就與刻薄相近了。

(4)古相。一為古樸之相，就是前面所述那種。但古樸而不清秀，就與庸俗相近了。二是古怪之相，「古者，骨氣，岩棱謂之古，而不清者近於俗也。」古怪之相的形貌為體形奇怪，甚至是粗俗醜陋。性格又內向，性情孤傲、孤僻，鬱鬱寡歡。古相主命運的吉凶，是根據「古」中是「清」是「濁」而決定，古而清，命運亨通大吉大利；古而濁，命運不濟窮蹇孤窮。

(5)孤相。即孤獨貧困之相。其特徵是：體形孱弱，神色渾濁萎靡，脖子長、兩肩縮、腳歪斜、腦袋偏，坐時不斷搖動，走路時張牙舞爪，如同手抓東西，又如水邊仙鶴，雨中鷺鷥。孤相主人性格內向，乖戾了無情趣，心胸狹窄，自然是命運不濟。

(6)惡相。即凶煞惡神之相。「惡者，體貌凶頑如蛇鼠之形，豺狼之行，或性暴躁，神驚，骨傷節破。」生有此相的人，心地狹窄，性情卑劣，陰險狡猾，無惡不作，聲如豺狼，毫無理智，不講信用，不懂禮義，好害他人。這種人一定要改惡從善，否則，天怒難犯，易遭官司牢獄而橫死。

(7)薄相。即削薄軟弱之相，即「體格劣弱，身輕氣怯，色昏而暗，神露不藏，如一葉之舟泛重波之上，見皆知其薄弱，主貧，下賤」。有此相者，體貌形狀孤單瘦弱，性情孤僻、內向、怯懦、愚昧無知、意志薄弱，為人處事沒有主見，無所適從，或東搖西擺，捉摸不透，命運最終不濟。

(8)俗相。即粗俗魯莽之相，即「俗者，形貌昏濁，如塵中之物，陋而淺俗。縱有衣食而多舛也」。這種相貌的人，好比塵中之物，體形粗魯俗陋，性格反常不定，喜怒無常，不能自持，愚昧不化，智力低下，狹隘貪婪，見錢眼開，惟利是圖，忘恩負義，鼠目寸光，命運也不濟。

曾國藩又特別將文人形貌中格局特別好的分為四種：

清相：「清」是指人的精神澄明清澈，舉動文雅，如桂林之枝、昆山之玉，灑然超脫，不染俗塵。使之望之如鶴立雞群，出類拔萃，儀表非凡，格調高雅，不墜紅塵，氣勢豪邁，這些是真「清」。反之，寒酸貧薄，故作斯文，自以為是，酸不溜秋，則是假「清」。

古相：「古」指的是人的氣質古樸，風度自然，見多識廣，才高八斗。出則為賢達名流，兼濟天下，處則是名宿隱士，獨守其身。如渾金璞玉不必雕鑿，而風采怡人；如蒼松占相，質樸真誠。神完氣足，榮辱不驚，這些是真「古」；舉動費解，思維怪異，故作深沉，心浮氣躁，都是假「古」。

奇相：「奇」是指人身材高大奇偉，氣宇軒昂，體魄強硬，步履矯健，神態豪邁，進可出將入相，退可超凡入聖，文有經天緯地之才，武有安邦定國之略，這些是

真「奇」。而裝模作樣，大搖大擺，不可一世，陰陽混淆，則是假「奇」。

秀相：「秀」是指人氣勢和祥、目清眉秀，且眉之間有情的神采。如明媚之春天，習習之輕風，如楊柳拂面，水天一色，使人心裡感到舒服柔祥，讓人覺得可愛而不可恨，可近而不可玩，這就是真「秀」。濃妝豔抹，描眉畫眼，故作矜持，雄性雌聲則是「媚」。

考察人物的十種方法

1.觀儀表

觀察一個人的儀表是否威嚴，不但要看他的眼睛，還要兼看他的顴骨及神氣。一個人相貌堂堂，端嚴有成，猶如猛虎下山，虎虎生威。一個人的威嚴，並不是觀於他發怒發氣時，而是在他非常平靜、和顏悅色的時候，也感覺到一股威嚴之氣。這樣的人，自然有福。

2.觀厚實與精神

看一個人的身體是否厚實和有精神，就看他坐立時的情形。一個人的身體猶如萬噸巨輪在巨浪中行駛，穩穩當當，搖不動，拉不走。不論是坐著，睡著，其精神狀態清潔靈透。即使久久坐著不動，也不會困頓昏睡，而是愈有神氣。其精神狀態如日東升，直刺他人眼目；又如秋月明亮清輝。這樣的人肯定貴而有福。

3. 觀頭額

看一個人是否頭圓額高。頭是人的首腦，四肢的中樞。頭要圓，額要高，圓頭圓腦的人富裕長壽。頭方的人，頭頂高聳，貴為天子；額方而頭頂突出，可為輔佐國家的棟樑之人；額頭平圓的人富貴無比；頭頂平坦的人福壽長遠。

4. 觀人的清與濁

所謂清，是指一個人瘦而精神爽然，此為貴相。精神渾濁稱為厚，此人定有大福。若渾濁中沒有神采，稱為軟，此種人一定孤獨無子，或短命早亡。

5. 觀五嶽、三停

五嶽者：東嶽左顴，西嶽右顴，南嶽額頭，北嶽地閣，中嶽鼻也。

三停者：上停為額，中停為鼻准，下停為頦。

東西嶽（左右顴）要周正適中，最忌粗露傾塌；南嶽（額頭）要平潤正中，不要低陷凹窄；北嶽（地閣）要方圓豐隆，不能尖削歪斜，歪曲翻卷；中嶽（鼻）要方方正正，高高聳起，上接印堂。三停要平等勻稱，不能尖削、歪斜、粗露，三停的長短、高低、大小都要平等、勻稱。這樣的人，一輩子不愁衣食。

6. 觀五官、六府

五官者：眉、眼、耳、鼻、口也。

六府者：天庭、日月二角為天府，左右兩顴為人府，地角、邊腮為地府。

五官要端正，眉要清麗高揚，疏朗清秀，彎曲細長，如一彎新月，最好是高出眼睛一寸。雙眉向兩邊分開直入髮鬢。這樣的眉，主聰明富貴，機智有福，官運亨通。兩眼要黑白分明，眼睛清爽明淨，細長如鳳目，炯炯有神，眼珠黑如漆，眼白如玉，眼長近耳，這樣的眼福貴雙全。耳要輪廓分明，比臉白淨，兩耳高聳過眉，兩耳貼肉而生，兩耳堅挺，耳垂色澤紅潤。此為好耳、貴耳，主富貴長壽。鼻要聳直、豐隆有肉，鼻樑懸垂直下，準頭圓隆完美，有如懸膽、截筒，鼻形寬大厚實，色澤黃明光亮，有此鼻者，財祿雙全。口要大而方，唇紅齒白，上下唇一樣豐厚，兩唇不反，生有此口者天生富貴，可食千里之祿，吃喝不愁。天府要方圓明亮，不要露骨；人府要方正平坦，直插髮鬢，不粗不露，勻稱相對；地府要與地閣相輔依，不宜尖歪粗大。

7. 觀腰背

看一個人是否腰圓背厚。腰要圓硬挺直，背要寬厚。最怕背坑窪不平、背薄肩垂。胸部要豐滿，胸骨不宜粗露，臀部要平厚有彈性，不宜尖起或沉墜。要胸坦腹墜，體膚細嫩。

8. 觀手足

看一個人的手足，手要細嫩足要厚實。手指要大小勻稱，手掌要平如鏡，軟如綿。手掌手背都要厚實，手背不要粗露。足背要有肉，足掌要有紋，有痣更好。手指合攏時，不要漏縫。手掌最好有八卦紋路或有一些奇紋異紋，要紅潤鮮明。

9.觀心聲

「未觀形貌，先相心田。」觀察一個人的聲音和心田很重要。觀一個人的眼睛神態，可知此人是善是惡。眼神慈善，其心仁愛，心地善良，終會富貴。聲如銅鳴響，如金屬之聲，清潤嘹亮，渾厚有力，有此種聲音的人，縱然相貌不佳，也會富貴。人小聲大，人大聲雄，深遠明亮，出自丹田，這是富貴綿達之相。

10.觀形局、五行

形局，就是一個人的體形格局，它對一個人的命相關係甚大。如龍形、虎形、獅形、鶴形、牛形、猴形、象形、鳳形等，這些都是富貴形相。如豬形、羊形、馬形、狗形、狐狸形、鼠形、鴉形等，這些都是兇暴、貧薄、短命的形相。

五行即金、木、水、火、土。在五行之中，金形人最好是顏色白淨，木形人以青綠色為好，水形人肥而黑為好，火形人喜紅色不怕尖削，土形人喜黃色而厚實。以上為五行正局，與此相符的人富貴福壽。

總之，人的身首須厚實，大小適中。皮膚潤滑有光澤，這樣的人可得富貴。色澤光潤，財祿日進，膚色暗淡，與仕途無緣。

第四節　容貌其他

目者面之淵，不深則不清
鼻者面之山，不高則不靈

【原典】

目者面之淵①，不深②則不清③。鼻者面之山，不高④則不靈⑤。口闊而方⑥祿千種，齒多而圓⑦不家食⑧。眼角入鬢，必掌刑名。頂見於面⑨，終司錢穀：出貴徵也⑩。舌脫無官，橘皮不顯。文人有傷左目，鷹鼻動便食人：此賤徵也。

【注釋】

①淵：深水潭。
②深：深沉含蓄。
③清：清朗明爽。
④高：指向上凸起。
⑤靈：靈氣，機靈，有智慧。
⑥口闊而方：指人的嘴唇厚而且方。

⑦齒多而圓：牙齒多而且細小渾圓。
⑧不家食：不吃家裡的飯，引申為適合在外地發展。
⑨頂見於面：指人禿頂，並且和前額連在一起了。
⑩出貴徵：這些都是高貴人的特徵。

【譯文】

人的眼睛如同面部的兩方水潭，神氣不深沉含蓄，面部就不會清朗明爽。鼻子如同支撐面部的山脈，鼻樑不挺拔，準頭不豐圓，面部就不會現機靈聰慧之氣。嘴巴寬闊又方正，主人可享千種之福祿。牙齒細小而圓潤，適合在外地發展事業。兩眼秀長並插至鬢髮處者，必掌司法大權。禿髮謝頂而使頭與面額相連，無限界，能掌財政大權。口吃者無官運。面部肌膚粗糙如橘子皮的人不會發達。文人若左眼有傷那麼文星陷落而無所作為。鼻子如鷹嘴的人，必定內心陰險狠毒，喜傷人，（後面）這些都是貧賤的徵兆。

【評述】

這裡講了容貌其他的部位，包括眼睛、鼻子、嘴巴、牙齒、頭髮等，講了它們的特徵及對一個人的影響。

眼睛

眼神，最能反映一個人的清濁、邪正，亦即一個人的智愚、善惡。智則神清氣爽，愚則氣濁神枯，善則剛正端莊，惡則驕橫猥褻，所以可將「眼神」作為判斷「神」的最佳法門。

「目者面之淵，不深則不清。鼻者面之山，不高則不靈。」

眼睛在面部的作用，就像一汪清泉、一面平湖，一定要有深度才顯得清澈、靈動、蘊涵豐富。這裡的「深」，不是指眼窩深陷，而是指眼神深邃。兒童的眼睛雖然很單純，沒有太多人為的內涵，但卻明亮、透徹如同陽光照耀下的清潭，這是兒童無邪之「深」；成人歷經太多風霜，眼睛開始混濁，但真正的智者則依舊精光凝聚，深不見底，而且歲月在其眼神中留下的不是黯淡，而是無限的魅力和蘊藏，這是成人歷練之「深」。

總而言之，睛如點漆、黑白分明、炯炯有神者，定是心地聰明、氣象疏朗之人；而眼神混濁、目光散亂，或如淺溪，一眼可以望到砂石，或如荔枝，僅在核外包裹了一層淺淺的薄綃者，智力、胸襟就必然堪疑了。

晉代王羲之見到杜弘治，就曾讚歎道：「面如凝脂，眼如點漆，此神仙中人。」我們無緣領略神仙風姿是怎樣的一種魅力，但閉目想像，也可以感受到那種光風霽月的神采！

眼睛要黑白分明，瞳孔端正穩定，光彩射人，或者眼睛細長超過一寸，乃為監察官也。古人認為：天地之闊大，托日月為明，一身之榮耀，托雙目為光。日月能照亮萬物，雙目能知曉萬情。中醫學則提出：「五臟六腑之精皆上注於目而為精，精之巢為眼，骨之精為瞳子，筋之精為黑眼，血之精為絡，其巢氣之精為白眼，肌肉之精為約束，裹擷筋骨血氣之精而與脈並為系，上屬於腦，後出於項中……目者，五臟六腑之精也，營、衛、魂、魄之所常營也，神氣之所生也。」說明眼睛是五臟六腑精氣之所注，是人體營衛、氣血、精神、魂魄之所藏，後世「五輪八廓」之說即源於此。

又有「諸脈者，皆屬於目，目得血而能視」，「瞳子黑眼法於陰，白睛赤脈法於陽也，故陰陽合傳而精明也」，都說明了眼睛的生理病理與內臟有非常明確的關係。健康的眼睛，要視物時瞳孔端正不顫動，黑白分明，榮色精爽，光彩清瑩。後漢名醫華佗指出：「目形類丸，瞳神居中而前，如日月之麗東南而晦西北也。內有大絡穴，謂心、肺、脾、肝、腎、命門，各主其一；中絡八，謂膽、胃、大小腸、三焦、膀胱，各主其一。外有旁支細絡，莫知其數，皆懸貫於腦，下連臟腑，通暢血氣，往來以滋於目。故凡病發，則有形色絲絡顯見，而可驗內之何臟腑受病也。」古人把眼睛分為八個區十三個穴位，這些透過眼睛穴位的治療來調整內臟疾病的經驗，反證了眼

睛與壽命是息息相關的。現代醫學證實，眼睛實際上是大腦的一面鏡子。人眼聯繫著周身的血管有十三條，有上百萬根神經連接著大腦，它們不僅是大腦獲得外界訊息的重要管道，而且是大腦思維活動、情緒變化的反映。

人的生活狀態、性格心理、知性品性等都可以從眼睛中觀察得知。作為靈魂之窗的眼睛，在全臉中的確可起畫龍點睛之作用，人的生氣靈動就全於眼上展露無遺！如「眼睛像會說話那般」就是許多女孩子嚮往的目相。透過眼睛可以知己知彼，可以看性格、愛情、運勢。

大眼：溫柔個性好

眼睛的大小有沒有一定的區分標準呢？眼的大小不只限於橫幅，還包括開啟時的上下幅或眼睛瞳孔大小等都是參考的標準。不過，大眼睛自古以來就被視為美貌的重要要素之一。大眼睛更表示擁有內心純美、溫柔的個性。而性格開朗、熱情、人見人愛，的確是大眼美男美女的必殺技！大眼睛之人表現力好，適合從事禮儀、演講等可以發揮表現欲的工作。不過，大眼睛的人也容易犯過度敏感的毛病，而且愛恨分明的個性也可能令其與人缺乏溝通的空間。而眼大露神的女子，更易陷入一時衝動而發展的感情中，因意氣用事而後悔。在此奉勸一句：大眼睛帥哥美女們，對人對事別太主觀判斷，也學著審慎客觀一點。

小眼：敦厚智能好

小眼睛以性格敦厚、樸實內向型者居多，神秘主義者，也很聰明，言行多屬封閉型。這種人意志堅定，有時會拘泥於小事而壞了大事。雖說如此，但其細心、有耐性，所以適合從事長期努力的工作，而最後成就了不起的事業！在政界或財界有不少成功者都擁有一雙小眼，由此可見，有些人的外觀並無任何特殊優點，但其內在潛力與實力卻可令其一鳴驚人！小眼女性生活平淡，不愛冒險，有點小心眼，會是典型的賢妻良母。而她們的指尖卻相當靈活，在時裝設計、海報廣告或美容方面有不錯的發展。另外有一種小眼而眼光閃爍不停者，有潛力成為傑出人物！

細眼：仁慈而內向

眼細之人心思細密，觀察敏銳，做事有條不紊，極具周詳的計畫，而且他們仁慈友好，有奉獻精神，適合做一些精密性的工作或從事參謀工作！但眼細表現出性格較為內向，遇事沒有主見，人云亦云等，對事情也有極端的看法，因而在許多時候不能及時採取行動，錯失一些良機。而且很多時候，他們感情比較脆弱，可能因為他們想得太多，而顯得有點神經質，疑心重。所以，眼細的人，應多磨練自己的承受力，這樣面對事業和感情會有很大助益。

白眼：城府深、性格躁

黑眼珠偏上或偏下，由眼珠的上面或下面都可以看到眼白的眼睛。這些人有才華，腦筋也轉得很快，但城府較深，善用謀略。在心地良好的前提下，在社會上可以取得一定地位。

白眼分上三白眼和下三白眼：上三白眼——眼珠上方露出眼白，是經常以自我為中心的人，非常神經質，暴躁易怒，喜歡攻擊別人。通常來說，有上三白眼的人，自卑感特別重，對別人的批評很敏感，經常會往壞的方向想，犯罪傾向也比別人強。奉勸一句：要修心養性啦！

下三白眼是指眼珠下方露出眼白——也就是眼珠上吊，眼下露白的人，通常是有自信的人，性格好強，膽大，物欲很強，一旦決心做一件事，都會排除萬難進行到底。但任性、冷漠，經常言行不一，而且他們較不去體會別人的感受，也很神經質、疑心重、嫉妒心強、固執。具有白眼的人如果多把眼珠往上移或往下移，養成習慣，給人的印象還是會變好的。

凹眼：有才華，警覺高

眼眶深、眼珠陷入之人，較有才華，理解力強，警覺性高，思慮周密。他們看事情能透過表像看本質，理性較高，可以冷靜分析，而顯得高深莫測。比較誠實，做事也能堅持到底。個性好沉默，不愛多講話，拙於表達自己的意志，因此不適合於從事人際關係的工作。但對繁瑣的工作可以不厭其煩，是腳踏實地的實幹家，也因為肯幹，所以只要時機一到便能開花結果，晚年運氣不錯。他們缺點是做事較慢，而且脾氣不太好，比較注重自己的和眼前的利益。由於理想定得較高，名譽、婚姻、錢財、人緣方面就需要多多努力才能達到要求。

凸眼：樂觀善良

心地善良、開朗樂觀是這種人的特性。眼球凸出就生理上而言，是因為眼球後面說話神經發達之故，所以這類人善於交際，表現得比較健談。有衝勁且做事盡心盡力，但卻犯丟三落四的毛病。心思顯得飄浮不定，給人反覆無常、嘮裡嘮叨的感覺。個性急躁，有些神經質，經常會沒事找事自我折磨，所謂「天下本無事，庸人自擾之」，就是這一類人。

圓眼：率直，人緣佳

圓眼之人生性大大咧咧，開朗、率真、直爽，為人也是表裡如一。人緣極佳，領悟力強，興趣廣泛，擅於思考。做事積極認真，簡單武斷，感覺敏銳，深得旁人的喜愛！當然了，人無完人，生有圓眼的人，比較容易受到外界條件的誘惑，一旦受到誘惑，就會把持不住自己。這種人自尊心極強，又常有自以為是的傾向——雖然你有很

多優點，但也應該找出自己的缺點，而讓自己變得更加完美。

眼尾皺紋：多藏愁思

眼尾有多條皺紋的人，這種人心裡總是煩東煩西的，感情生活起伏不定，工作也難盡如人願，所以相對於別人，這種人顯得漂泊不定，他們有時候也未免想得太多！而且，他們可能是一心只望跳龍門的類型，虛榮心較強。由於其較為強烈的自我表現欲和追求表面的浮華，使人生的欲望表現得非常強烈。比較唯我主義，自私自利，自我控制能力又比較薄弱，倫理、道德觀念不夠強，沒有責任心。這種類型的人或許在身體健康方面有些問題，要注意身體了。

單眼皮：有主見，意志強

單眼皮的人，做事積極主動、沉著冷靜，意志力較一般人強！個性上很有主見，做事方面判斷力也強，能吃苦耐勞，受挫和耐力承受指數高。不會出現見異思遷或是虎頭蛇尾的狀況。但同時單眼皮的人又比較內向，沉默寡言，而且自尊心過強，疑心較重，同時表現出懦弱的一面。在人際關係方面，由於他們有些頑固，自我意識太重且好強，容易與人發生分歧，引發人際關係緊張，與人意見不合。單眼皮女孩子內質比較害羞，而且比較嚮往細水長流的感情。

雙眼皮：熱情開朗又大方

雙眼皮之人性格開朗、大方、坦誠、熱情，感情指數很高，愛美也愛花錢。特質是：他們頭腦較靈活，應變力強。眼睛看起來雖好看，但是做事缺乏毅力、耐性，也很情緒化，總是三天打魚，兩天曬網，以三分鐘熱度來做一件事，難以貫徹到底，容易改變既定的計畫或原則，這點一定要改進！而女性則好打扮，追趕潮流。無論男女，都較感情用事。

雙眼皮也有按眼瞼的長與圓分兩種情況：眼瞼長的雙眼皮屬於感情豐富而脆弱型，不太經得起打擊、挫折，缺乏毅力及持久性；眼瞼圓的雙眼皮即眼瞼之中央部位愈向上者愈呈圓形狀，這種人個性開朗，天真活潑，不過他們可能很容易受騙，還是小心點好。

還有一種很少見的類型，就是眼皮一單一雙的人，他們個性比較自我矛盾。往往自己決定了一件事，到大家通過了，而最後否決的又是他自己。

多眼皮：感情豐富

眼皮多層，表示這些人感情比較豐富，作為他們的朋友，定被他們所重視，而且可以深交且長久。而作為不熟的朋友，他們也是待人親切，討人喜歡。但有缺點是個性比較敏感和衝動，往往看到別人背後議論就會多心，會八卦地跑上去詢問，又衝動

地發表意見。總之一句話：眼皮內雙的人，感情面和理智面可以協調平衡，為最佳眼皮，是值得交往的朋友。

眨眼：自卑缺乏安全感

不停眨眼的人，有些自卑，往往是缺乏信心與安全感的表現，可能是從小比較缺乏父母的疼愛，在學校時成績也不突出，工作上沒有什麼很好的表現。所以對自己的信心難免不夠。又或是心虛不安，可能私下有什麼小秘密不為人知，或做了什麼違背良心的事。由於眨眼給人印象不好，所以這種人沒有什麼知己，和朋友的關係也難以長久。也有可能是患了神經衰弱症。當然，如果對人對事主動勤奮，做出一點成績的話，自然而然就會對未來充滿信心，就可改掉這個眨眼的毛病了。

眼距窄：目光準，馬上做

兩眼間距離較窄，即兩眼間呈現太靠近的目相。這種人說做就做，省去不必要的猶豫，是實幹家，而且他們眼力很好，看東西較準。不過，一般來說他們比較內向，心胸比較狹窄，性情急躁，而因為內向，經常悶悶不樂，過於憂慮。目光不夠長遠，缺乏遠見卓識，凡事總是看重眼前利益，不太會去想以後的事。性格上嫉妒猜忌心重，愛計較。此種人事業不易成功的最大因素，是因為他們做事喜歡變來變去，不太能持之以恆。

眼距寬：心胸廣，包容力強

兩眼之間的間距以一隻眼睛的長度為最理想目距。兩眼距離較寬的人，視野較廣，心胸廣闊，為人也很溫和，相比來說獲得機會的時機會比一般人或早或多。而且他們包容性強，很少會與人發生爭執，所以人際關係相當不錯，也容易討人喜歡！不過，如果兩眼過寬，則是太懦弱，膽小怕事，處事不積極。俗話說「笨鳥先飛早入林」，總是跟在別人後面，做事總比別人慢幾拍，往往會給人留下消極怠工的印象。同時，這類人因為沒有耐性、缺乏信心，遇事往往遲疑不決。

瞳孔大：溫和且平易近人

眼睛的瞳孔看起來比較大的人，令人感覺炯炯有神，非常舒服，就算容貌不是很出眾的人，也會不自覺被他的眼睛所吸引。他們多是屬於性情溫和、善於待人接物、平易近人、與世無爭的類型。這種人生活樸實，對別人關懷、體貼，他們嚮往建立溫馨的家庭，上下和睦。這種人不但對家人體貼關心，而且在工作方面也十分的出色，人緣極佳又有適應力，所以能夠更好的把握好機遇。

瞳孔小：競爭意識強，適應社會能力強

瞳孔長得較小的人，是一個自我意識極強的人，比較自私，缺乏感性。脾氣也很倔強、固執。但這種人的競爭意識很強，無論學業與事業，都會把自己投入到「鬥

爭」中，而且好勝心較強，不會輕易服輸。因此會不顧一切的發揮自己的全部精力，很適合獨立行事，也很適應當今社會的競爭步伐！

如果為人較圓滑，人際關係處理得不錯的話，還可以在事業上更上一層樓！

斜眼：多貪得無厭

眼睛斜視的人，給人的印象不太好，因為不知道的人會認為這種是蔑視的表現！有一種天生斜眼的人，遺傳於父母，這一種人可以透過一些目力訓練讓自己的斜眼有所改善。還有一種是後天形成的，一般來說這種人都比較貪婪無厭，因為他們老是「吃著碗裡的，望著鍋裡的」，所以眼珠就難免會溜走。要不就是他們存心不良，因此電視上的小偷都是這樣斜視的。大凡窺視他人財物的人就有此相。所以在公車上看到這樣的人，可要小心注意，不要等他偷走你的東西才後悔莫及！女性眼睛斜視，又反覆不定的人，為人較變幻莫測，對婚姻較為不利。還是讓自己的眼睛端正起來吧！

外角如刀裁：做事認真有才能

眼尾之外角如刀裁，則表示這類人頗有才華，能文能武，感情細膩而豐富，做事較認真負責，能洞悉人心，且才思敏捷，善於寫作，個性寬宏儒雅，辦事面面俱到。如是女性的話，多為賢內助，一生定有所成。眼睛的內角，像鳥嘴般尖鉤的人，記憶力好，可勝任許多不同類型的工作！

淚水眼：會主動追求感情

眼睛長期好像淚水汪汪一樣，的確是挺討人喜愛，特別是女性，由於她們長相善良、甜美，與異性特別投緣，可能很小就已經涉入男女的情誼之中，或是早戀。她們是屬於感情豐富的人，遇到喜歡的人，會去主動接近，有時大膽的方式可能與她端莊的外表不太相像。而感情豐富的人也會有早熟的傾向，如果說他們的戀愛經驗豐富，可不是一件令人驚奇的事。整體來說，他們的感情世界非常豐富，如果有感情空缺的狀態，他們會積極找朋友來填補。特別是女孩子，可能因為她們的主動，而嚇跑了一些男孩子，其實她們也不過是過份熱情罷了。所以，淚水氾濫的女孩們，可要學會含蓄一點，與其主動接近別人，不如讓別人主動接近自己。

桃花眼：異性緣極佳

眼睛充滿了笑意，下眼皮的中央上揚，呈現彎月形的眼形，就是所謂的桃花眼了。生有桃花眼女性的眼神對別人很有吸引力！可能她們本身並不是刻意這樣，不過，她們的眼睛實在太容易挑逗人了，所以才會出現此種情況。這類眼形的人異性緣極佳，在太多人追求的情況下，很難不在感情的世界中轉來轉去，要是一個不留神，很容易落入別人的陷阱中，所以切記小心。偏偏生有桃花眼的女性，多是隨和親切、防範心不大的人。其實她們社交能力不見得很強，而且不懂怎樣去拒絕別人，叫她們

自我表白，那就更加不擅長了。通常她們自己也想不清楚自己的立場，所以很容易受到別人的誘惑，一旦遇到不會處理的問題時，她們可能就隨便答應了別人的請求。

三角眼：好凶鬥狠的角色

有三角眼的人，大多為兇狠的角色，給人一種很強的壓迫感。因為他們性格較凶，可能給別人感覺不太好。基本上好強、鬥狠、不服輸這些性格是他們的寫照，有時他們會比較鑽牛角尖，有「寧為玉碎，不可瓦全」的偏激思想！不過，有這種眼相的人，也有可能會成為像曹操那樣的梟雄！而此眼相的女性，結婚之後可能會凌駕於丈夫之上，會欺負人。

拗型的重眼人：性格執拗不服輸

眼睛小或凹下深遂就叫重眼，這種眼大部分來自遺傳，大多山地人具有這樣的目相。眼小也代表視野較窄，所以性格會比較執拗，猜疑心重，思想保守，有自私心。不過他們倔強，做任何事絕不輕易放棄，處處不服輸。他們比較適合做一般性的工作，因為他們對無聊的工作也可以持之以恆，有耐心，有毅力，而且很熱衷於工作。或許他們小時候清貧、艱難，運氣也比較不濟，不過，由於他們意志堅定，工作努力，所以在晚年也可以得到相當的回報。

大小眼：城府深

大小眼又稱雌雄眼。有著左右眼大小極端不同的眼睛，眼睛左右大小不一的人，很有才華，善於策略。這些人頭腦反應相當敏銳，城府很深，是很有野心的人。處世手段高超巧妙，外表和內心的想法可以完全不一樣，是比較狡猾的人。另一方面，他們個性喜怒無常，經常會自我矛盾，內心自卑又倔強，感情生活或事業容易起伏不定。不過他們的金錢運不錯，賺錢很有辦法。女性的話，好勝而有才華，表面功夫相當漂亮，可以隨心所欲地控制他人，隱瞞自己的缺點。而且雌雄眼的人，多有可能再婚。大概而論：男人左眼大，易與父親、妻子不合，在家有大男人主義；男人右眼大，與母親較無緣，而且比較怕老婆，但除了妻子以外，對其他的女人都很用情，就是那種無法拒絕女人的男人。女性如果左眼大右眼小，比較懼怕丈夫，常會為丈夫而疲勞奔波。整體來說：左大右小比較好，財運佳，怕老婆的可以獲得賢內助。

眼尾上翹：富有持續力

這種人百分百是十分機智的人，而體力，耐力也很強，所以凡事一旦立定目標，就會勇往直前，不達目標，誓不甘休！這種人很少受外界的干擾和誘惑，可以冷靜處事，並以堅定的信念貫徹始終。如果是女孩子，她們在愛情上始終拿不定主意，總是擔心這擔心那，對一段感情缺乏安全感，會很容易產生妒忌心，於是原有堅定的愛情

也會慢慢地自行破裂而直至消失。

眼尾下垂：撒嬌有小聰明

眼尾向下垂的人，比較聰明，如果他們從小接受良好的教育，有高尚的品德，則會成為社會上的成功人士；他們與人交往會獲益良多，可以從朋友那裡得到幫助，在工作受阻時也可以得到貴人的幫助而逢凶化吉，是一種好面相。但如果他們的童年並不太順逐如意，那麼會養成他們有點反叛心理，對人總有戒心，不會盡信別人。如果是從商的話，會只顧自己謀私或損人利已。也有人認為這種人有好色之相，是借女性弱點來獻殷勤的「女性之敵」。如果是女孩子，她們的性格溫柔可人，又顧家，是典型賢妻良母型的女子。

鼻子

相學認為鼻為一面之表，其形相優劣與人的氣質、性情、福壽等都有密切的關係，因而在相學中鼻被賦予眾多的名稱及十分複雜的命理意義。鼻在「五官」中為審辨官，「十二宮」中為財帛宮，「五星」中為土星，「五嶽」中為中嶽，「三主」、「三柱」關係中為中主和樑柱，天、地、人三才關係中代表人，五行關係中屬土。同時，在相學中鼻還主管四十一～五十歲這一年齡階段的命祿，係人之一生成敗之所在。《史記．高祖本紀》載：「高祖為人，隆准而龍顏。」隆准，即鼻樑高聳，史家以之為貴相的表徵。歷代相學對鼻的命理要義說法頗多，清代相學家陳釗《相理・衡真》對各種說法作了較全面的概括，其曰：「鼻似截筒，衣食豐隆。鼻如懸膽，家財巨萬。鼻准圓紅，不受貧窮。鼻聳天庭，四海馳名。鼻高洪直，富貴無極。鼻如縮囊，到老吉昌。鼻如獅子，聰明達士。鼻高而昂，仕宦榮昌。鼻上光澤，富貴盈宅。鼻頭短小，一生貧夭。鼻直而厚，王子諸侯。鼻若廣長，必多伎倆。鼻樑不正，中年遭困。鼻樑無骨，必然夭沒。露肯鼻薄，一生漂泊。」古代相學還從形象上將鼻分為龍鼻、虎鼻、懸膽鼻等二十多種類型，對各自的命理要義都有詳盡的分析。

鼻翼有肉者生平富裕安康，工作上積極進取，並有一定的工作能力，為人也正直嚴肅、大度，多是大學者之類。

袋狀鼻者賺錢欲望大，卻一分錢也捨不得用，為人貪婪、吝嗇，見錢就抓，視錢如命，且想只進不出。

鼻子小且扁者多沒有實力，自我約束力差，生活隨意，無目的，若為女性，往往經不起誘惑，容易上當受騙。

鼻前端低於耳垂者多性格內向，對周圍事物都冷淡，漠不關心，不善社交，不容易與人相處，自我意識較強，愛好孤獨，內心敏感，膽小而羞澀，總沉醉於自己的興趣和夢想中。

鼻子下端與耳垂齊平者多冷靜、客觀，喜歡按常理和客觀規律辦事，凡事愛分析、推理，具有理性，講究秩序和規則。缺點是感情不豐富，為人古板，缺乏冒險精神。

鼻條線清楚者多衣著整潔，談吐文雅，對人彬彬有禮。頗具紳士風度，脾氣溫和，說話風趣，既有教養又有風度。

尖鼻子的人多脾氣暴躁，內心兇狠，潑辣刁蠻，爭強好勝。

鼻子短鼻尖紅者多頭腦簡單，心地單純，是大男子主義者，常以居高臨下、俯視芸芸眾生之態來對待人。為人傲慢，不關心他人。

鼻子粗又高者多虛榮心強，表現欲強，誇誇其談，自吹自擂。逞強顯能，缺乏穩重與端莊，為人心浮氣躁，神經兮兮的。

鼻樑又細又高者多能言善辯，巧於辭令，談吐超群，因而顯得輕浮，人際關係不好，而且語言尖刻，容易傷害人，得罪朋友。

鼻子上方有橫紋者多性格急躁，喜歡發怒，夫婦關係不和諧，人緣也差。

鼻樑在面部的作用，就像一道山脈、一座奇峰，一定要有高度才顯得俊朗、威風、神清氣爽。鼻樑挺拔，可給人以英姿勃勃、容光煥發之感；鼻樑清秀，可給人以聰明靈巧、秀外慧中的印象，故曰「不高則不靈」。

史書中對漢高祖劉邦的描述，最突出、給人印象最深刻的就是「隆准」，也即高鼻樑。據說劉邦任沛縣泗水亭長時，行為很不檢點，傲慢任性、不拘小節，但與人交往卻仁厚豁達、胸襟遼闊，喜施與，不斤斤計較，有大智慧。他的岳父呂公能夠在劉邦落魄時，對他另眼相看，禮遇有加，直至將女兒終身託付與他，想必也是從「隆准」等上佳處洞察到了他仁厚、豁達、聰慧的本質，而沒有將表面的些許瑕疵放在心裡。

頭相

頭部的形相。相學認為，頭為五臟之主，百體之宗，頭的形相與人一生命運的關係極大。《神相全編．相頭》：「頭者，身之尊，百骸之長，都陽之會，五行之宗，居高而圓，象天之德也。」清陳釗《相理．衡真》：「頭骨短圓，福祿綿綿。巨鰲入腦，尚書到老。中頭四方，富貴吉昌。燕頷虎頭，威鎮九州。耳聳頭圓，萬頃田園。頭皮寬厚，富貴現在。額尖頭大，夫妻必礙。頭小頸長，貧乏異常。蛇頭屈曲，糟糠不足。男子頭尖，福祿不全。鼠目獐頭，富貴難求。蛇頭平薄，財物寥落。頭大好古，頭小愚魯。額如雞卵，庸俗之黨。頭大無角，腹大無囊，不是農夫，必是屠割。」古代典籍中有不少關於頭相定人一生榮枯的記載。東漢的班固在《東觀漢記》載：「班超與人同求相，相者謂超曰：皆無富貴之相，唯汝當封萬里之外。超問其

由，相者指其頭以告：『燕頷虎頭，正而食肉，此萬里侯相也。』後班超出使西域，果以功封定遠侯。」《瑞桂堂瑕錄》云：「蘇東坡自謫海南歸，人有問其遷謫辛苦者，坡答曰：『此乃骨相所招。少時入京師，有相者云：一雙學士眼，半個配軍頭，異日文章雖當知名，然有遷徙不測之禍，今日悉符其語。』配軍頭為相法中不吉之頭相，故蘇翁謂己遭貶皆源於此。」

額頭

額在相學中別稱「南嶽」、「天府」、「高廣部學堂」、「火星」等，又為面三停之上停所在，包括決定面相貴賤的天庭、天倉、天中、中正、日角、月角、驛馬等重要部位。相學認為，頭為君，額為臣，明君離不開賢臣的輔佐，因此，額相便具有「分一面之貴賤，辨三輔之榮辱」的重要意義，故而有「欲察人倫先從額相」的說法。陳永正《中國方術大辭典・相術・額相》引〈神異賦〉曰：「額方而闊，初主榮華；骨有削偏，早年偃蹇。」即是說，額相最能反映一個人早年的運氣，如果額相好，預示早年發達，反之命途坎坷，早年艱辛。相學又認為，額相同時也關涉人一生的榮辱興衰。古之論額，以高聳寬闊為佳相。《神相全編》云：「頭小而窄，至老孤死。額大面方，至老吉昌。額角高聳，職位崇重。天中豐隆，仕宦有功。額闊面廣，貴居人上。額方峻起，吉無不利。額瑩無暇，一世榮華。」《舊唐書・唐儉傳》載：

儉與唐高祖李淵龍潛有舊，高祖嘗召訪之。儉曰：「明公（李淵）日角龍庭，李氏又在圖牒，天下屬望，非在今朝。」龍庭，即指天庭隆起。《後漢書．李固傳》亦云：「固貌狀有奇表，鼎角匿犀，足履龜文。」鼎角，額骨高聳之謂。可見天庭隆起、額骨高聳皆為上佳之額相。

印堂相

印堂，在兩眉中間，相學所謂「十三部位」之一，又名闕庭、命宮、福堂、紫氣星、官祿宮、光大部學堂。相學家常以印堂的形相附會人事，測斷吉凶。一般以印堂開闊明潤為佳相，低陷狹窄為厄相。唐趙蕤《長短經．察相》謂：「天中豐隆，印堂端正者，六品之侯也。」《神相水鏡集》則進一步指出：「印堂闊，天庭廣，日月角開，眉目得其舒展，兩顴得其有印。天庭高爽，印堂平闊，土星（鼻）直貫天中，蘭庭（鼻翼）準頭朝拱，可掌八方之印綬。印堂傾陷，額角尖塌，眉頭交鎖，腮短少髯，定主多業多破，常憂常慮。印堂側而山根斷，魚尾（眼角）低而倉庫陷，妻子難為。印堂寬廣，兩目秀長，定應功名顯達。印闊顴開，可得呼聚喝散之權柄。印堂圓滿，早有騰升。印堂大忌紋沖痣破，主一生刑傷破敗無休。印堂又為紫氣星，一身氣色之聚處，福堂、印堂、準頭三光氣運明亮，定主名利兩通。」

眉相

眉毛之相。兩眉在相學中別稱羅喉星（左眉）、計都星（右眉）、保壽官、兄弟宮等。《神相全編．論眉》：「夫眉者，為兩目之華蓋，一面之表儀，主賢愚之辨。眉欲細平而闊，清秀而長，性乃聰明；若夫粗而濃、逆而亂、短而蹙者，性又愚頑也。眉過眼者富貴，短不覆眼者乏財，壓眼者窘迫，挑昂者氣剛，卓堅者性豪，尾垂者性懦，尾短散者孤貧，眉頭交者貧夭，眉棱骨起者強悍，眉高居額中者大貴，眉中生白毫者多壽，眉薄如無者多狡佞。」可見相學把眉作為一個人賢愚、貴賤、壽夭的表徵。《隋書．來和傳》載：「煬帝在藩時，好學，善屬文，深沉嚴重，朝野屬望，高祖密令善相者來和遍視諸子，和曰：『晉王（煬帝）眉上雙骨隆起，貴不可言。』」《舊唐書．袁天罡傳》亦載：唐太宗密令天罡為中書侍郎岑文本看相，袁看後覆帝：「學堂瑩夷，眉過目，故文章振天下。」古代相書還根據眉毛的形相將其分為輕清眉、尖刀眉、鬼眉等二十多種類型，並作了詳盡的圖解與分析。如輕清眉，即有詩贊曰：「眉秀輕清尾不枯，青雲有路輔皇都。雁行三五成行序，且看聲馳在宦途。」即是說，相學認為生有輕清眉的人官運亨通，兄弟間亦能和睦相處。

眉毛長者心細，適合理財做事，特別細緻，從不會出錯，不會見錢眼開，也不會為錢發愁。

眉毛短者多上進心不強，膽識及能力有限，愛用錢，性格比較急促，也比較脆弱，生活中易遭小的波折。

一字眉者勇敢果斷，膽大包天，處變不驚，責任心強，態度熱情，有感召力且富有挑戰精神，「明知山有虎，偏向虎山行」，膽識過人，絕不服輸。若女性有此眉則是女強人。

眉毛濃者多認為自己處處比別人強，行事剛猛，一意孤行，凡事親自動手，是獨來獨往的「獨行俠」。

眉頭粗者為人既勇敢，又有韌勁，粗眉頭是生命力蓬勃的象徵，所以有男子漢的氣概，敢於冒風險，往往事業有成。

眉尾較寬、眉毛散者，這種人精力不集中，外表與內心都動盪不安，整個人像散了魂似的，辦事馬馬虎虎。

眉毛濃又圓者多做事努力，社交能力強，朋友多，但比較自私，將錢捏得很緊。

眉間窄的人多易怒，易煩，但配上獅子鼻，就威風多了，幹勁和鬥志都從這裡顯示出來了，做事會全力以赴，拼命做好。

眉與眼距很開者，這種人心胸開闊，為人正直，品格高尚，看問題從大處著眼，且以身作則，從不小心眼，挑剔別人。

眉毛長而不多者多感覺敏銳，內心細膩，喜歡吟風弄月，但富有文才。

眉間有三條豎紋性格堅毅執著，眉間那兩條豎紋，猶如兩柄短劍，做事非成功不可，決不允許半途而廢。

三角眉者多是和事佬，有很強的平衡、協調能力，能將大事化小，小事化了。另外，這種人對色彩天生敏感，適合在藝術方面發展。

眉毛與眼尾相連的人是幹練之才，能力強，解決疑難問題，處理人事糾紛都有一套。

眉毛粗又短者多錢迷心竅，唯利是圖，滿腦子除了錢，就什麼也沒有了。

眉毛長又粗者多性格粗魯，愛生氣，愛罵人，當然人際關係就很差。

眉毛薄、鼻子大者的當面是人，背後是鬼。喜歡挑撥離間，耍手腕，玩弄小聰明，偷偷摸摸做壞事。眉毛粗，毛尾向下縮者，這種人個性生硬，缺乏柔和，與人相處，缺少情味和親切感。但做事認真，一絲不苟，講究規則和秩序，不知變通，有教養。處事冷靜，喜歡獨處，性格內向，凡事喜歡追根窮底，求知欲強。

眉毛均勻且眼尾發達者多心地善良寬厚，脾氣溫和，注重感情，富有人情味，懂得如何關心他人。同時，責任心也很強，有圓滿幸福的家庭。

柳葉眉且眉毛均勻者多相貌溫和，富有柔情，很會體諒、關心他人。若是女性，則會是理想的賢妻良母。

眉宇太開者多愚蠢遲鈍，笨手笨腳，終日神情恍惚，做事喜拖拖拉拉，不是丟了這就是忘了那，令人心痛不已。

眉寬鼻扁者生性風流放蕩，缺少責任心、羞恥心和道德感，在感情生活上最易見異思遷、朝秦暮楚，往往腳踏幾隻船。

角型眉者生性活潑，大都身體強壯、精力旺盛，性欲較強。但又缺乏克制力，處理不好夫妻生活中的問題。

眉毛粗且上揚的人非常固執，做事獨斷專橫，總認為自己比別人要稍勝一籌。聽不進勸告，一意孤行，妄自尊大。

眉間有三條直紋者凡事總愛以自我為中心，自私自利、心胸狹窄、脾氣古怪並且他們的家族觀念淡薄，缺乏責任感，極易離婚。

眉毛及眼睛均下垂者多不善於處事，愛貪小便宜，稍不如意就大吵大鬧，與人翻臉。在家庭事務中也整天罵這罵那，不會體貼關心配偶及孩子，最終人人都離他而去。

眉毛交錯的人多有始無終，馬馬虎虎，一輩子在事業中沒有大作為。在情感上也愛見異思遷，喜新厭舊。

眉間紋路深直者：這種人多性格內向，凡事斤斤計較，易發怒，悲觀情緒重，給人愁眉不展、死氣沉沉的樣子，並且疑心重，嫉妒心強。家庭關係不和諧。

眉上有一條平行紋的人大都懶惰，常是無所事事、遊手好閒。

眉形如波浪斷斷續續者情緒強於理智，情感用事，原則性差，興趣轉移快，缺乏持久性，不沉穩，但待人親切、靈活，容易適應新環境。

眉毛上方有肉者堅強，不怕困難，信心十足，做事又有耐心又愛用腦，常在逆境中奮起。

眉粗又上翹者：現實感強，是行動派，不喜歡無所事事。理智、情感單一，為人實在。

一字眉而嘴鬆弛的人觀察力強，做事仔細認真。內心世界豐富，感情細膩，但心胸不夠豁達。

眉尾與眼尾分開而鼻圓者多與世無爭，脾氣溫和，說話輕柔，行動舒緩，但懦弱怕事。

眉睛之間明亮呈粉紅的看上去就富有安泰感，而實際上是有遺產的富人。

眉尾粉紅亮麗的多能當官掌權。

眉尖粉紅亮麗的多有財運，如果鼻頭呈粉紅或黃色的人，財源就會滾滾而來。

耳相

耳在相學中別稱採聽官、江瀆、金星（左耳）、木星（右耳）、壽星、聰明部學堂等。南唐宋齊邱《玉管照神局》云：「耳主聽，貫腦而通腎，為心之司，腎之候，故腎氣實則清而聰，腎氣虛則昏而濁，所以主聲譽與心行也。」據傳，唐代相士袁天罡曾言名將馬周耳相有缺，不當長壽。後來馬周果然早夭於羈旅之中。北宋蘇軾《東坡志林》載：「歐陽文忠公嘗言：『少時有僧相我，耳白於面，名滿天下；唇不著齒，無事得謗。其言頗驗。，」皆言耳相優劣，關乎人的智愚壽夭與休咎榮辱。古代相學中關於耳相的命理之說頗為細密，清陳釗《相理．衡真》對之有較全面的總結，其曰：「耳如提起，名播入耳。兩耳垂肩，貴不可言。耳聳相朝，富貴官高。耳薄無輪，祖業難存。耳白過面，名滿天下。棋子之耳，成家立計。耳有垂珠，衣食有餘。耳門廣闊，聰明豁達。耳有成骨，壽命不促。耳高於目，食受師祿。高眉一寸，永不貧困。耳高輪廓，亦生安樂。耳有刀環，五品官高。耳門垂厚，富貴長久。耳有毫毛，富貴壽高，為人安樂，災難不遭。耳門寬大，富壽久耐；光明潤澤，財源不絕。耳堅如木，到老不哭。兩耳朝口，衣祿不少。輪廓相成，有利有名。耳薄如紙，夭死無疑。耳薄向前，賣盡田園。兩耳張風，賣田祖宗。反而偏側，居無屋宇。耳反無輪，祖業如塵。輪廓桃紅，性最玲瓏。耳薄無根，必夭天年。塵粗黑焦貧薄愚魯。耳

黑飛花，離祖破家。耳下骨圓，剩有餘錢。耳門窄小，命短食少。耳竅容針，家無一金。耳門如墨，二十之客。兩耳帖肉，富貴自足。」

耳朵是人的感官之一，我們每天都透過耳朵接收各種不同的訊息，所以耳朵被喻為採聽宮。耳朵在相學上是判斷財運、智力和體況的部位。耳朵也可以判斷幼年時代的狀況如何。耳朵貧弱的幼童，不但身體虛弱，而且智能也較低。耳朵可分為上、中、下三部分：上為天輪，中為人輪，下為地輪（天廓、地廓即是）。並以此判定人的和、智、情。

大耳穩重、謹慎並且頭腦清醒

耳大耳門亦大，耳門的寬度也可顯示人的氣度與聰明度。耳門寬大，一般來說，都是心胸比較寬闊的人。所謂：「耳門寬廣，聰明豁達」，表現出豐沛的吞吐能量，故能擁有寬廣的胸襟。耳大是有福的命相，是為理智型的人，對知識的追求和好奇更強，具備過人的見解，是非善惡，真理俗見，均能了然於胸。這類人生命力充沛，個性穩重謹慎、做事頭腦清醒、實實在在、腳踏實地，並且任勞任怨。大耳之人一般都智謀遠大、性情豁達，一生運佳、事業必然有成。各自領域的大人物，平時只要細心觀察，就會發覺周圍的大老闆、大學者、大官員都有著一副大耳，這就大耳的神奇之處！

小耳感情用事，情急衝動

小耳的人是感性型的人。情感較為細膩，而意志不夠堅定。他們可是很容易被別人的意見所左右的人。生活上的困惑特別多，往往為一些小事過意不去，不太愛面對現實。因自我意識強，所以對別人中肯的意見較難接納，進而影響到人際關係。這類人判斷力較差，感情用事，個性衝動，心直口快。不定性，是急性子且率性的人。此人對用錢較無計畫，一生難有積蓄，不太適合做生意。

肉厚的耳，財源廣進

耳朵有肉，耳大肥厚，是長壽的長相。這種耳朵，有一種親手造成富豪的運氣，至於這筆親手賺來的財富，能不能守得住，這就要和下巴的相配合起來觀察，才能夠知道。這種耳朵的人，善於活動，很有氣魄，還有一套利用別人來經營事業的手腕，也善於應付各種變化。有這樣的男人，可以考慮把大事交給他。

肉薄的耳，財總不聚

肉薄耳的人容易有神經過敏的傾向，缺乏自信。凡事耿耿於懷，巨細無遺，且常患有失眠、食欲不振、便秘等病症。這種人總是沒有積蓄，一生會經常受人差使，缺乏賺錢的本領。所謂「牆高萬丈，擋的是不來之人」——想的多而做得少又有什麼用！還有耳朵輪廓漂亮，但又顯得太薄的人，會賺錢，但很容易花光，存不住錢。他

們在文化事業方面會有優秀的才能，可以在社會成名，但在財利方面則較為淡薄。

耳垂肥厚，命中富貴

耳垂厚的人有福氣，特別是耳垂肥厚至可以放下米粒者，更是顯富顯貴的人！這種人身硬體朗，心情舒暢，光風霽月，財運、交際都不錯，對人十分寬厚，有一份溫馨、體諒的心意，所以家庭較幸福，人際關係也相當不錯。基本上，他們沒有欲念，但也不缺什麼錢花，還可以自然地增加財產。

耳垂或垂珠雖較小，但有些人卻是富裕者，他們或屬繼承財產，或是做投機生意獲意外之財者。還有特殊的的例子：垂珠小但顎形端正者，他們可以藉此彌補缺失，使事業得心應手。

沒耳垂，賺錢較難

這種耳垂的肉極薄，而且又小。這種人想像力豐富，對人感情味濃，是性情中人。不過，他們對現實有點漠不關心，好幻想，缺少一種計劃性。往往憑一時的情緒、欲望而處事。如果這是像三角板的銳角般的耳垂的話，是和金錢沒有緣份的相，用錢猶如水沖沙。若是整個耳朵長得小而肉又薄，更沒有耳垂的人，可能會在浪費或是失敗下破財。要想賺進一點錢，確實不是一件易事。所以要特加留心，應培養自己對金錢的概念，提高理財能力。

長耳長壽，可享天倫

長耳朵也是長壽相，這樣的人頭腦比較聰明、機敏，也多半比較勤勉，處事小心謹慎。所謂「日圖三餐，夜圖一宿」——他們少有欲望，樂於安分守己。同時，由於他們的平和性格，他們晚年可以和兒孫生活在一起，享到一種清淡的兒孫之福、天倫之樂。其實，人豈能有十全十美的呢？長耳之人有時也有點患得患失的心理，會覺得一生人太過於平淡無奇。

短耳，保守，顧忌多慮

耳朵短的人，思想比較保守，顧忌多，也無主見，依賴感極強，膽子也比較小，看似安分乖巧，不會追求過於刺激的生活，猶如小鹿般的性格。雖然常常在表面上十分平靜，但是內心卻並非沉默，而是充滿渴望與幻想，有許多莫名其妙的思緒在他們的心裡撞擊，令他們陷入太多的空想與幻想之中。此外渴望被聆聽和被讚美是他們性格的另一方面，總希望自己做出的成績能夠得到別人的肯定，就算是一點小小的稱讚，也會令他們受到很大的鼓舞。

斜耳，勇敢理智，做事仔細

耳朵貼著頭，整個看起來傾斜的人，相當聰明，比較有理智（相對而言感情較淡漠）。辦事有計劃，心不慌。常言道：心慌吃不得熱粥，乘車看不得《三國》。他們

深諳世道，凡事都按步驟進行，面面俱到，而不是憑一時心血來潮。遇到困難，既不退卻，也不莽撞，而是憑理智去解決。

軟耳，欠膽量

軟耳的人多屬處事消極的人。一般而言，他們比較沒有什麼膽量，沒有什麼主張。如果是從正面看不到耳朵的人，他們多屬於性格膽小，行動力較差的人，如果給他安排工作，最好從旁協助、督促。古人云：「一屋不掃，何以掃天下。」不注意處理細微之事的人，每當到關鍵時候，就會顯得毫無主張，優柔寡斷。軟耳人，耳朵軟，有易受人哄騙的傾向。若是男性，則意味著怕老婆、懼內，典型的「妻管嚴」。

耳高於眉，智力高

一般人耳朵的上端，較眉毛的位置為高，尤其孩童耳朵比眼位高些。成人具有這樣的耳相，屬於平民的現實生活型者多。其生命力旺盛，思想純正，從不會為物質生活煩惱，智力高超，能吃苦，受長輩的喜愛，能獲得上司的賞識與提拔，但是缺乏支配別人的力量。與耳朵在眼下的人不同，少有登上高職位的機會。若要成功，只能靠其本人的努力，對榮譽有正確的理解，明智的認識。故而比較適合做學者、教授、專家等，在專業方面可取得一定成就。

耳低於眉，具統御才能

耳朵的上端，低於眉毛，高過眼睛，這是很正常的位置。此耳型之人為貴人相，有精闢的思想，既知其一，又知其二，所以容易獲得他人的信任、支持，且有不俗的統御才能，官途、財運必然亨通。但如果耳朵的位置過於低下，可能會變成驕傲、任性或破財，而且沉溺於物欲與性欲，因此事業沒有什麼成就，屬平平凡凡的人。所謂性格使然，要嚴於律己，才可做得一番事業。

耳骨凸出，為積極者

耳骨外凸的人，是屬於實幹的類型。內廓向外凸出的人，處事積極，性格以外向者居多。所以圖書館等靜止的工作就不太適合他們了。何況，他們喜歡刺激和冒險，如果有偵探、間諜之類的工作，他們一定樂此不疲（做不做得好是另一回事，做了再說）。在他人眼裡，他們可能具有反叛的個性。而且他們的審美觀獨特，不為常人所認同。其實他們頭腦敏捷，手腳麻利，工作勤快，處事比較穩當，得心應手，其辦事效率極高，心裡決不胡思亂想。但是，常言道：金無足赤，人無完人。耳骨外凸的人通常是事無巨細，不分主次。總讓人覺得自以為是、好辯，是不好招惹的角色。所以在人情世故上還是要謙遜一點。

正面不見耳，時運良好

這種相的人，體力和氣魄都全，做起事業來野心很大，同時也已建立起了相當的地位。而且，這種人總是努力不懈，運氣也好，他實有一手創下一番事業的了不起的本領，所謂「有子滿腹才，不怕運不來」。正面不見耳，代表此人目前運程亨通。若是耳朵小而不易看出全貌者，智慧較為優秀，判斷力準確，工作效率特好。如果要招聘人才，首選這種人，定可讓老闆有物超所值的感受。

靈通的地獄耳

這種人的耳朵長得像精靈一般。他們頭腦靈動，變化神速，小道消息特別靈通敏感，是很佳的資料搜集者，所以最適合於成為資料搜集員、記者或政治家。有這樣的朋友，你可以從中吸取到不少資料與情報，但也要小心他會把你的秘密洩漏出去！雖然好像諸事八卦，不過，他們也只不過是好奇心較一般人強罷了，在重要關頭，他們還是會分大小輕重的。

欠思考力的硬耳

耳有軟有硬，軟耳個性柔弱，那是不是硬的耳朵就是個性強硬呢？不一定。通常耳朵硬的人身體健康且多從事體力勞動。不過，也許是因為他們從事體力工作多，所以自然欠缺思考力方面的訓練。不過，他們個性也較為憨厚，有主見。作為男性，有此耳也是較大男人主義之人，在家中定當一家之主。最理想的耳朵，應該是硬中有彈性而軟硬又適中者，這種人軟硬兼施，處事待人非常高明！如女性中呈粉紅色而具有彈性硬度最好，會有攀龍附鳳的機會！

招風耳

招風耳，就是在正面可以明顯地看到人的兩耳，並且兩耳遠離後腦。有這樣的耳朵，其主人當然也是「眼觀四面，耳聽八方」。說明白一些，就是什麼事都愛打聽、愛探個究竟的人。他們開始給人好問、好學的好印象，可是相處下來，你就會覺得他們的問題也未免太多了。

口相

古代醫學認為，口為脾之竅，心之外戶，從一個人的口唇與口腔可以測定其身體病理情況。相學則認為，口為「言語之門，飲食之具，萬物造化所關」，觀察口相，可以預測人的窮通榮辱。在不同的相學體系中，口有多種代稱。「五官」說稱口為出納官，「四瀆」說稱口為淮瀆，「五星」說稱口為水星。對口的命理要義，清陳釗《相理衡真》作了集中的概括：「口如潑砂，食祿榮華。口如抹丹，不受飢寒。口如紅殊，富貴相宜。口如中唇，必是賢人，非特口德，又且性純。口如角弓，位至三公。口紫而方，廣置田莊。口角不張，缺乏儲糧。口不見唇，主有兵權。口大容拳，

位置公侯。口垂兩角，衣食消縮。口角高低，奸詐便宜。口尖如簍，與乞為鄰。口如縮囊，飢餓無糧，縱然有子，必主別房。口如縮螺，常樂獨歌。口邊紫色，貪財妨害。口如撮聚，破產飄蓬。口不見齒，老亦成立。口唇亂紋，一世孤單。口如吹火，到老獨坐。口上生紋，有約無成。輕薄口唇，慣說他人。口闊又豐，食祿萬鐘。口角向上彎，終身不怕難。」相學還根據口的不同形相將其分為方口、龍口、四字口等十多種類型，並對各自不同的命理意義作了詳盡的圖解與分析。如對四字口，就有詩贊曰：「口如四字兩頭齊，不仰不垂也不低。顯耀功名觀上國，為官惠養樂群黎。」就是說，生有四字口者，一生能建功立業，撫國安民，享受榮華。

大嘴性格堅強，努力拼搏

所謂「嘴大吃四方」，大嘴的人有口福。一般而言，是代表其人豪放大膽、性格堅強、精力充沛、富於行動及決斷力，能努力拼搏。嘴巴大的人性格上多屬樂天派，他們處理事情公道，為人性情隨和。在政商界中，很多強人都屬這種類型！如果女性嘴巴大，則表明她們心胸開闊，不畏困難，敢於面對挑戰。她們多半不會守在家中，而是活躍於社會。大嘴的人，無論男女，多半都是意志堅強、有能力、事業有成的成功者。

小嘴

雖然小嘴的人的氣魄比較小，要求也少，腦筋也動得少，思想比較保守，屬於依賴型的人，但他們從小出自生活物質富裕的家庭，舉止優雅，品位較高。他們適合做服裝設計師或手工藝家等，這樣可以充分發揮自己的才能。他們多有點害羞又無特殊才藝，不過也無須自卑，只要能妥善地改變自己的思想，多動腦袋，主動尋找時機，也就是說，要動之以想，還是有望成功的。最重要是找對自己喜愛的工作，會令小嘴的人一展所長！如果不是，可能做一會就很不耐煩了。

歪嘴，懦弱無能

歪嘴唇的人是經常不滿現狀的。說話稍有混亂或節奏較慢，讓人產生晦澀難懂的感覺。這種人脾氣固執暴躁，且喜歡管別人的閒事，逞口舌之勇，甚至「己所不欲施於人」，要別人貫徹自己的主張。歪嘴唇的人，會以表現自己來掩飾自己的缺點。不過他們抱怨也只是紙老虎，說說而已，不要輕易被他們嚇倒。雖然如此，他們還是喜歡裝扮成正義的勇士，好像自己最有道理。由於給人印象不好，易令別人敬而遠之，結果變得孤獨寂寞。但如果女性，她們是賢妻良母型的人，不過有一個缺點便是愛嘮叨。

嘴巴尖，是非多

嘴巴尖突的人，即俗稱的「翹嘴」。這種人大多是心眼小，嫉妒心重。整天都像是在嘔氣似的，生性倔強，脾氣火燥，逞強好勝，自以為是，意志薄弱，且只說空話，不做事。一個女人嘴巴尖突的話，更能表現這些特點。嘴巴尖突的人，大都是說話不經過大腦思考且長舌、多是非之人。

嘴不緊閉，口風不緊

嘴巴無法緊閉的人，露出裡面的牙齒，看上去也不大雅觀。一般而言，嘴巴無法緊閉的人，其性格也像嘴巴，給人感覺是口風不緊，甚至會阿諛奉承，而且這種嘴型的人精神懶散、做事粗率、效率極差、反應遲鈍、意志力薄弱且沒有耐性。若是口又小，又不合攏的話，這種人較為遲鈍，做事不分輕重，個性也比較沒主見，一切事情都非常被動！如果你身邊有這樣的朋友，趕快監督他快點改正過來吧！那麼即使性格不夠優秀，也可以無形中提高她的能力與氣質。

機械性格的收縮嘴

這種口形即下唇收縮，上唇顯得突出的形狀。通常他們會是人群中不引人注目的人，他們最大的個性就是沒個性。不但處事消極，而且缺乏個人主張，凡事盲目聽從他人意見。所以在從事職業方面，他們與其自己創業或進行創作性、刺激性的工作，不如服務於大型企事業單位為好，作一名平凡普通而穩定的大眾白領最為適合他們。他們也較具耐性，同樣的工作可以做得不厭其煩。與朋友相處很好，不過並無過於要好或難纏的朋友。皆因他們沒有過激的思想言行，對人也中規中矩，所以人際關係也不錯，只不過缺少了一點激情而已。其實他們內心也有渴望的東西，只不過太多中庸的思想令他們不能放開自我，而拘謹處事。財運方面中規中矩，會衣食無憂，但也不屬大富大貴之人。至於健康方面可說一生並無大病，但總感覺體質虛弱，這與自身不夠自信有關。

上下唇滑移的嘴

一看他們嘴唇左移右動，給人的感覺就不夠安全！他們也的確如此，這無真實性可言，因為總愛說大話，所以信用度自然就低，人際關係也相應下降。其實他們也只不過是有點壞脾氣、壞習慣罷了。他們總愛吹牛。但要注意不要吹得過分了，若是這樣，則會傷及人際關係，而且還會使自己處於孤立狀態之中。

皺紋嘴

皺紋嘴是指上下唇的縱紋非常明顯的嘴。這種人很樂於交際，以交際為活動中心，而且也有自己的一套交際手腕。他們會經常邀一大堆朋友來聚會，負責他們的聚會費用。雖然他們擁有很多朋友，但交到的卻多是酒肉朋友。當經濟能力好時，朋友

會環繞身邊，可一旦陷於苦境時，原有的朋友就會加以疏遠，幾乎沒有一個真正的朋友。有時真要仔細想想，這樣為朋友是否真的值得。

唇相

口唇之相。口唇在相學中別稱覆載，上唇為金覆，下唇為金載。相學認為：「唇者，口之城郭，舌之門戶，一開一合，榮唇之所繫也。」察人唇相可以推斷人的命祿休咎。據傳歐陽修少年時就有人給他看過相，說他「耳白於面，名滿天下；唇不著齒，無事得謗。」後來歐陽修果然位及宰輔，並以文章譽滿天下，也最終遭謗而辭相。關於唇相的命理要旨，張榮華《中國古代民間方術》引《神相水鏡集》：「欲端厚，不欲尖薄。欲紅潤，不欲白黑。上下唇相當，為人寬厚，上下俱厚，忠信而集文章。上下俱薄，妄言而劣。上唇長而厚，主命長。下唇長而薄，主貪食。龍唇者富貴，羊唇者貧賤，唇尖撮者窮死，唇墜下者孤寒。唇若綻血無紋，為人自滿不謙。唇若周圍有棱利者，忠信。唇含丹者貴而多富。青而灰黑者多病而夭。唇色杏紅，不求自豐。唇如雞肝，久病少痊。」《神相全編》亦云：「上唇薄者，言語狡詐。下唇薄者，貧賤運差。上下俱厚者，忠信之人。兩唇上下不相覆者，貧寒偷盜。上下兩相稱者，言語正直。」

上下厚唇，仁厚穩重

嘴唇厚的男人厚道，薄嘴唇的男人多薄倖！上下嘴唇皆厚者，給人以忠厚，很實在，講信用的感覺，且心地善良、仁厚，對朋友、同事都很友善，為人處事以誠相待。缺點是獨立性不夠強，做事缺乏勇敢和決斷。唇厚加上面頰豐滿更顯其穩重，端莊正派，相當有節制，講情義。這種人待人溫和，極有人緣，工作也踏實認真，受人尊敬。如果是女性，內心感情豐富。其中，如果上唇肥厚的人，對味覺特別敏感，在情感上表現為愛情強烈，佔有欲強，喜歡結交不同的男朋友，但奉勸還是為精不為多為好；至於下唇肥厚的人，比較過於注重個人品位，給人的印象很自我，所以不太適合要與人協調性的工作，因為凡事太以自我為中心，容易遭到他人的排斥。

上下薄唇，自私自利

嘴唇薄削的人，為人較輕浮，特別多話，常言道：禍從口出。所以容易得罪人而為自己樹敵，造成自己許多無謂的麻煩，因此最好慎言！薄唇的人，人情味較淡薄，屬自私自利的人，不許天下人負他，典型的只進不出者，且缺乏親和力，不宜受重任。

上唇厚，人情味濃

上唇厚，宛如手掌心向下。上唇厚的人很看重家庭，較會主動照顧別人，勤勞而

不抱怨。家庭在他們的心中佔有很重要的地位，其內心往往是頗富柔情，為人平和又富有人情味，一生中無論感情還是為人處事的態度，都是屬於付出型的。但是，做事略有不切實際，經常會有打腫臉充胖子愛充排場之現象。若上唇厚過下唇，多是付出型的人，有很強的辦事能力，能吃苦耐勞，多半擁有自己創建的事業，而且經營得有聲有色，是百分百的性情中人。但他們也有缺點，因為他們非常主觀，不太能聽人言，所以別人不能違逆他。因此，這種人在事業和感情上有成有敗，大起大落。這種唇相的女性多會是女強人，她們會有衝動、熱情的特質，這些為她們帶來了豐富多彩的生活。無論在他人眼中是成是敗，她們都會訂立目標，繼續奮鬥。

下唇厚，個性頑固消極

下唇較上唇厚，性格屬消極型，工作愛情都比較被動，這種人通常個性頑固、孤僻、固執己見，別人的意見、勸告一點都聽不進去，沒有一點人情味，且自私自利、較小氣，對金錢看得較重，往往恨不得將一分錢當成兩分錢來用。這種人無論什麼方面都是屬於接受型的。他們一生中大都是在接受別人給他的照顧，難得做家事抑或伺候別人。但他們很會隨機應變，愛情方面看對方的表現來應付，給人坦率的印象。雖然他們比較有心機，卻不是薄情的人，感情相當豐富。特別是下唇厚的女孩子，她們對情人會非常迷戀，對愛情很忠實，但情人是不是也回贈一樣的忠誠，可是另一回事。所以，要保持理智，冷靜分析你的感情生活。

下垂唇，堅強無畏

嘴唇的兩端往下垂的人，看起來很嚴肅，包容性很強，承受力也極強，也特別能吃苦。在工作中，勤勤懇懇、踏踏實實，決不會偷懶。這種人有勇氣、堅強、無畏、能承受生活的重負。但看似苦瓜型的嘴，常會猜疑別人，對生活覺得總不美滿，會經常抱怨，在工作中靈活性較差，不會變通，給別人的感覺挺固執古怪的。

緊閉唇，能屈能伸

通常來說，嘴唇緊閉的人個性慎重，一般極富責任感、重實際，意志力強，反應靈敏且決斷力極強，風度氣量好。他們承擔風險的能力也很強。不管是大贏，還是大輸，都能承受。贏了不會大喜，輸了也不會大悲，能超越勝負，能屈能伸。

齒相

牙齒之相。《麻衣相法》稱：「構物之精華，作一口之鋒刃，運化萬物以頤六腑者，齒也。」也就是說，人靠牙齒來消化食物以供養六腑，因此牙齒的優劣也就與人的命運息息相關。牙齒的命相，一般以大而密、長而直、多而白為佳相。具體而言，言不見齒、瑩白如玉主富貴吉祥；齒密而齊主清閒有福；齒密而長、大而方主職業無凶，可獲高官；齒如劍鋒、堅固光潔主長壽；唇不蓋齒，多有不測之禍；齒疏不齊，

貧賤困頓；齒焦枯暗淡，遇禍而夭；齒早缺短壽。宋蘇軾《東坡志林》載，歐陽修年少時有相士謂其「耳白於面，朝野聞名，唇不蓋齒，無事招嫌」。後來果應相士之言，歐陽修官至相輔，又終遭謗而辭官。在「四學堂」、「八學堂」中，牙齒又被稱作忠信部學堂和內學堂。齒相的優劣還關涉到一個人的品性和才智。一般認為，駢齒者睿智多才，齒雙生多排者狡橫多詐，齒黑枯而縫疏者貪鄙。據傳周武王和南唐李後主為駢齒之人，故而智力超凡，前者以政績垂青史，後者以文才名天下。

好的牙相，必具備齒長、齒白、整齊有力等因素。具有這種牙相的人，頭腦機敏、活力十足，不僅書可以念好，而且個性也開朗活潑，有這樣的孩子真讓父母安心！

牙齒長得白，稱職遇貴人

牙齒白的人，不論擔任什麼職位，都可以勝任。工作上表現得出色，並深得上級賞識。如果唇紅齒白的人，大部分都是多才多藝或學有專精的人，在校時已經是好學生的典範了，他們文章寫得好，說話說得溜，步入社會也會運圖亨通，早遇貴人，提拔成就。白的牙齒，真是可以照耀一生。

牙齒長得黃，做事遇阻礙

除非你護牙真的很「有方」，如果不是，普通人都會擁有一口白中帶黃的牙齒。

牙齒長得略帶黃色的人，由於齒色不白而影響了運勢，不論做什麼事情，都會受到或大或小的阻礙，而導致難以成功。但是如果長得黃如璞玉的牙齒，那這人學問好、文章好，可能會富裕福壽。牙齒如果枯白像枯骨一般，或是牙齒長得過黑的人，則會為了親人或子女而勞碌。

牙齒長得多，健康多成就

牙齒數量擁有愈多的人，擁有的健康與快樂也較多。因為消化能力好，身體自然也就健康優良，頭腦清晰。這種身心發展良好的人，因避免了很多病痛的影響，事業也會得心應手，一般而言都會有大的成就。俗語說：牙齒長三十八，可以封王論侯；牙齒長三十六，可以成為卿相；牙齒長三十四，可以謀得官職；牙齒長三十二，可以享受福祿。

牙齒長得少，卑賤多病痛

牙齒長得少的人，因為身體健康情況不好，常年因生病而頭腦昏沉，所以運勢也就不夠好。民間有這樣的說法：牙齒長三十，只是普普通通；牙齒長二十八，就會貧窮卑賤；如果牙齒少於二十八顆而且又過小的人，則是可能會貧困孤寂。雖然這些只不過是傳聞，諸君不必盡信，但在牙齒影響身體健康，進而影響心智這方面來說，也不是一點根據也沒有的。所以自小就應該形成良好的護牙習慣，擁有一口好牙，人生

也顯得寬宏壯闊很多。

牙齒長得大，朝氣人緣好

大牙的人，體力充沛，有朝氣，人際關係很好。但行事粗枝大葉，不夠細心。牙齒如果長的大而緊密，長得又直、又多、又白皙——這當然是最好的牙齒。他們不僅健康良好，事業順意，感情順心，和他們在一起的人也會感覺到愉悅的心情。牙齒如果長得相當牢固，則這個人就會相對活的長壽。牙齒長得潔白晶瑩，這種人身體健康長壽，個性開朗，心底善良，精力很旺盛。成功的機會自然比小齒的人多。

牙齒長得小，很有毅力

小牙的人，努力勤奮，很有毅力且細心冷靜，耐力十足。牙齒短，不到半公分，而且又有很多蛀牙的人，代表他的消化能力也較弱，身體不夠好也影響到思考力，則他們智力和體力都嫌不夠，所以一生當中與福、祿、壽的緣分也幾乎都不足，也就是與之無緣。

牙齒長得尖，精打又細算

尖牙的人，做事精打細算，設想周到，但耐力不足。如果牙齒呈現正三角形，則這個人喜歡吃素食蔬菜；如果牙齒呈現倒三角形，則這個人喜歡吃大魚大肉。如果牙齒尖而又不足二十八顆的人，一生會較貧困。所謂「牙尖嘴利」、「伶牙俐齒」——

他們大多是喜歡口舌之爭的人，而且歪理特多。這一點是他們注意要改善的地方。

牙齒長外凸，膽大又好奇

外突牙，也就是俗稱的「暴牙」。這種人的膽子非常大，做事積極，好奇心強，很愛說話，說話常強詞奪理，也很喜歡吹牛，但做事有頭無尾。暴牙這種人的面相刑傷父母，一生都會孤苦貧窮，夫妻緣及子女緣都很薄，而且貪淫，缺乏孝心。

牙齒長內傾，創意但孤獨

內傾牙，也就是上下兩排牙齒都向內傾斜。有這種牙齒的人，常常標新立異，舉止異常，是個很有創意的人，可以考慮去從事廣告行業。牙齒向內的人，不太會交際與認識朋友，所以很多時候都會比較孤獨。牙齒的上列與下列咬合不正，成上掩下狀的人，年少的時候貧困而且生活艱苦。如果是下掩上，則此人在晚年的時候會失去伴侶，或者是婚姻不美滿。

牙齒長稀疏，直言而多難

疏牙的人身體狀況良好，為人率性，對朋友坦誠。但反面來看，就是個性大而化之，所謂「牙疏」，即不能保守秘密，而事實上他們也的確如此，牙齒有露縫的人，直言好說，不能守密。有這樣的朋友，就算與他交情再好，還是應該對自己的隱私保持警覺！他們可能常常因口不擇言，或說了不該說的話而導致貧困或多災多難，而且

與六親的親情淡薄，缺乏孝心。

牙齒雜亂，善變無常

雜亂牙，牙齒前後上下交錯，形狀古怪，尖方不一，這種牙也叫做「鬼牙」。牙齒長得參差不齊的人，身體比較孱弱，精神差強人意——因為牙齒是影響消化吸收能力的。他們個性上有說不出的怪異，通常很善變，喜怒無常，有點自私自利，言行也不一致。對於他們，要抱有同情的心態，也許是因為牙齒影響了他們的身心健康，所以讓他們無形中產生自卑的心理，凡事也往壞處想，以致於口不擇言，經常會得罪人。

牙齒壯年落，壽短的徵兆

如果牙齒於壯年時脫落，代表這個人短壽，但如果老年了又長新的牙齒，表示會添壽或長壽，但是會影響子女的成就。如果門牙在五十歲以前脫落，則五十歲以後運程不順，常會為親骨肉操心，但如果五十歲以後才掉，就沒有禁忌了。

說話不見牙，富裕且貴人

在說話的時候，不露出牙齒的，就算不會富裕，也會成為達官貴人。這種人會賺錢，也存得住。所以錢財會如雪球，越滾越大。牙齦更不宜露，如果露出牙齦，則表示這個人命不好而且可能有牢獄之災，女性尤其忌諱。但也有一種這樣的女子，她們露牙齦，象徵著傻大姐的本色。

髮相

指頭髮的形相。古代相學認為：「髮者，血之餘也，鬢髮細密則血氣實盈，粗疏則血氣浮薄，滋潤則血氣旺，乾燥則血氣弱。」因此，髮相優劣關乎人一生的窮通禍福。宋周密《癸辛雜識》：「文時學者為秘書郎，有金鉤相士……云：『末座一少年最不佳，官雖至穹，然當受極刑。叩其保以知之，云：『頂髮卷髮，此受刑之相也。』」可見古代相士十分重視以髮相來斷人命祿。《神相鐵關刀》曰：「髮宜軟宜疏宜黑，得此則為富貴福壽。忌硬忌粗忌黃，得此則為夭折貧寒。髮粗而硬，男女多剋。髮軟如絲，夫妻恩愛。髮黃多貧賤。髮焦者多貧寒，老尤困頓。孩提髮密，性多頑。男女髮低，運氣蹇。髮落過早，要防命短，亦慮財空。髮卷刑傷多見。髮亂散髮走他鄉。」宋曾慥《高齋漫錄》還提出「智慧觀其皮毛」的說法，《照膽經》亦云：「肌膚細膩毛髮柔澤者多智慧。」即是說，髮相的優劣，不僅關涉人的命運休咎，同時還關涉人的智慧榮衰。

粗髮粗野，充滿氣魄

頭髮粗的人，脾氣比較剛健，做事十分積極，忍耐力強，有男子氣魄，並且體格強健，個性粗野，做事積極，大都有熾烈的競爭心，而且野心勃勃，具有社交與急躁

質的傾向。但是此種人的急躁也宛如狂風過境似的瞬間便了無痕跡，不會太鑽牛角尖。

頭髮細柔，待人和氣

頭髮細而柔的人，通常理智、有教養，做事細，待人和氣，溫順恭敬，具有女性化的優美。做事勤快，個性親切，但性格方面較為消極。如是男性生有細髮，其人也必女性化，表面看似很有魄力才華，實際上當面臨難纏問題的時候，就表現軟弱怕事和毫無主見，不會多做自我的發揮，真可說是典型的「無責任感主義者」。

稀疏之髮，不經挫折

頭髮稀薄的人智能卓越。他們不僅聰明，做起事來也非常認真，一絲不苟，講究規則與秩序。但他們的缺點也不少：個性消極，難以變通且體弱多病，經不起挫折考驗，失敗了一次，就如同雪花被融化似的，自己的能力開始逐漸減退。同時這種人也是內向的性格。在這種情況下，最好就是發揮自己的聰明頭腦，另闢新路，或磨練自己的意志。

濃密之髮，耐力旺盛

頭髮濃密的人個性熱情、開朗活潑、為人實在而溫和、對人真心相待，以誠處事。通常做事很踏實，耐力韌性強，生命力也很旺盛。但是，對於小細節卻不太在意，會有丟三落四的毛病。雖然他們好像顯得很沉穩、平靜的樣子，但他們的判斷力不見得很正確，而往往料事於千里之外——所謂「失之毫釐，謬之千里」。

硬髮衝動，歇斯底里

頭髮硬的人都精力充沛，個性多剛強不屈，衝動固執。看起來很難與人相處，朋友的意見無論有理沒理，反正聽不進去。他們的率性會令人「驚怕」。基於這種魯莽個性，他們受挫指數也較高，顯得命運波折多。且大部分此類人都具有歇斯底里的性格，而且也具有強烈的自我表現欲。不過也由於他們個性頑強，不易服輸，如果運用得好，也很容易成功。

柔髮柔和，協調性好

具有柔髮的人，個性通常也會柔和。他們聰明伶俐、柔順和藹，具有相當的持久力，也很少會自尋煩惱。同時，行事上不見得沒有主見，而是協調性和妥協性很高。所以這種人最適合去當別人的和事佬，總能面面俱到地幫大家解決問題，贏得大家的尊重。而且他們處事大度，和別人意見不合或起爭執時，事後總能主動和好，做起事來也可以公私分明。這也是讓人無形中對這種人產生好感的原因之一。這種人有創造力，比較適合當藝術家。

有光澤的頭髮，多幸運

頭髮有光澤的人，都是比較優雅、有氣質的人。其實，這種人生性活潑，精力旺盛。這表明他身體十分健康，生命力也強，而且富有衝勁與鬥志，具有高超的溝通能力，往往動之以情，曉之以理。這種人渾身散發出力量，讓人無可挑剔。所以，他們辦事面面俱到，同時他們擁有好的運氣。

髮色淡，多悲觀

髮色淡的人，個性多是溫和且柔順，顯得意志消沉。頭髮淡也反映了身體狀況不太好。這種人有時候頗有孤獨的癖性，覺得跟自己相處會比較舒服。在人際關係方面並不十分圓滿。大體上他們可能懷有強烈的自卑感與矛盾的心理，容易有悲觀傾向，所以在交際中顯得過於拘束或太過於神經過敏，令別人對他們不瞭解，自然而然影響了人際關係的發展。這時最宜調整自己的心態，讓自己自信起來。

白髮血虛，依賴性強

少年就長白髮的人，多是血虛而頭髮先白，身體狀況不太好。古人云：「少年白髮剋雙親，少年落髮難言子。」這也是比較古老的說法。長白髮的人依賴性幾乎都很強，而且在情緒方面一直不太安定。這種人也具有偏執的性格。同時，在他的內心深處藏有性的矛盾與自卑。此外，他也不善應酬，交際手腕當然不好，但一旦成為莫逆之交時，他卻會推心置腹地無所不談。

頭髮如波，情緒不定

頭髮如波浪狀，情緒也容易游移不定、喜新厭舊、矯情好色、性格嬌縱，精神構造也不一般。且做事多缺乏恒心，不能貫徹始終，所以經常要變換職業。男性如有此種頭髮，一般是兇惡暴戾，具有犯罪的傾向。對於權力與金錢懷有極強的固執心。這種人是歇斯底里的性格。不懂得隱藏自己的欲望，而且虛榮心很強。

禿髮機智，決斷迅速

禿髮的人，實際上是比較善於動腦筋，是聰明機智且決斷迅速的人。因此腦筋反應很快，很會賺錢。他們對於工作的沉迷和熱忱，簡直違反了常情，所以謀望遂願，經營的事業，多有進步。除了錢財之外，禿頭的人，通常也擁有高度的智慧和社會地位。所以胖點的男士禿髮其實是一種福相（尤其中年發福的男人），但是瘦的人不宜禿髮。

舌相

舌頭的形相。相學認為，舌是口中鈴鐸，心之舟楫。舌相好壞，關乎人的貴賤休咎。金張行簡《人倫大統賦》曰：「惟舌者以短小薄鈍為下，以長大方利為先。」清陳釗《相理．衡真》亦明確指出：「舌至準頭，位必封侯。舌大而方，位至王公。舌

上長理，王公可擬。舌小多紋，安樂不已。舌如朱紅，位至三公。舌長而薄，萬事虛耗。舌短唇長，晚年慌忙。舌薄而小，貧窮無了。舌小口大，言語捷快。舌頭粗大，飢餓無怪。舌小而短，貧賤所管。舌上黑子，必無終始。舌上繡紋，奴馬成群。舌大口小，言語不了。舌厚而長，仕宦吉昌。舌有交紋，貴氣凌雲。舌無紋理，尋常之子。舌似紅蓮，廣積田園。未言舌見，多招人怨。」還有相書認為從舌相可判斷人的賢愚品性。通常來說，舌長而紅，主人聰明；舌短而大，主人愚蠢；舌長而尖，主人生性狠毒；舌薄而小，主人陰險奸詐。

舌大狡詐

舌頭大且長，可富可貴，但為人較為狡猾，自私取巧。如果舌頭很大，嘴巴卻很小的人，則表示此人說話辭不達意，往往說不到重點。如果舌頭大卻很薄的人，做任何事都會浪費時間，無法成功，而且也會做出一些別人想不到的事情來。如果舌頭呈橢圓形，則此人做事明理，為人忠厚，交朋友守信，講義氣，心直爽快。

舌小機巧，敢作敢當

舌頭小而且長的人，聰明、機智、靈巧，變通性很好。但為人較有心機謀略，做事果斷，說做就做，敢做敢當。這種人一生大都較為貧困清寒。如果舌頭又平的人，則難免一生要勞碌一點去賺錢才可以了；如果舌頭小又尖，則此人貪婪無比，只想收穫，不想付出；如果舌頭小但嘴巴很大的人，則這種人心直口快，有話就說，率性；如果舌頭小鼻子大的人，也會很忙碌，比較難存錢，雖會長壽，但子嗣卻很少。

長舌好辯，唇厚有福

舌頭如果尖而且長，這個人生性喜好辯論，而且心懷不軌。舌頭長到可以舔到鼻頭，則代表可富可貴。如果是體形瘦小，五官庸俗普通的人，就不一定了；如果是鼻相、眼相有缺陷的人，而且舌頭又可以舔到鼻頭的人，也不是大富大貴的人；如果舌頭長又尖就好像蛇舌一般，則此人個性毒辣，殺人不眨眼；不過如果舌頭長而且嘴唇厚，晚年會交好運。

舌短愚魯，一生貧苦

舌頭短而且粗的人，這種相一般來說都是個性愚蠢魯莽的人所有。如果舌頭小而且又短，則此人不但個性愚蠢魯莽，而且也會因為這些因素而一生貧窮困苦；如果舌頭短而且薄的人，這種人喜歡談論別人的是非，到處說別人的八卦；如果舌頭短而且方方正正的人，則屬於大器晚成者，晚年運氣會逐漸好轉。

舌厚樸實且長，榮華富貴

舌頭敦厚的人，反應比較遲鈍，但為人誠信樸實，做事穩紮穩打，決不會胡做非為，是一等一的大好人。但如果舌頭過於粗厚，又能舔到鼻頭的人，表示這個人一生

難成大事。如果舌頭厚而且長的人，就算不是大富大貴，也會福壽同至。如果舌頭厚而且長，並且方方正正，則此人必能盡享榮華富貴，是屬於吉相。

舌薄善辯，極具謀略

舌頭薄而且長、大的人，這種人善於辯論，應對機智，才能很強，善於運籌、策劃，所謂「運籌帷幄，決戰於千里之外」的商業戰爭，人事作戰，都是非這種人莫屬，最適合的工作就一定是策劃工作了！這類人作為領導者也會很不錯，因為他們眼光夠遠大，也聰明，善於應付難關。如果舌頭薄而又小，則此人個性狡詐，而且多可能一生貧困；女性如果舌頭薄小而且短則代表著她們個性不夠好，多貧困勞苦的時候，應多加改善。

「川」形紋富貴，「十」字紋順遂

舌上有「川」形紋路，而且紋路明顯，深又細長，眼可見，則屬大富大貴；舌上有「十」字紋，這種人運途順心順意，謀事有成；舌頭有直紋的人，則個性正直；舌頭上有橫紋，則此人是放蕩無賴之徒；如果舌上橫紋很深，就像舌頭斷了一般，則這種人一生應防大窮，運程不順遂，會有大起大落的時候；舌上多紋路的人，為人英明能幹，善於交際，可成為外交家、政論家、政治界風頭人物。

紅舌祿貴，黑舌貧賤

舌色暗紫的人，則表示貪心妄為，好色且淫亂，貧窮又多病；如果舌頭色鮮而潤明，表示能享受該時代高生活水準，清閒有福，做事能持之以恆，名利雙收；如果舌上生黑痣，則需小心體內狀況，可能患有癌症之徵兆，應盡速求醫檢查；舌上有黑子的人，為人虛偽，舌頭紅如朱色的人，一生富裕；舌頭紅如血色的人，必有官祿；舌頭黑如翳的人，一生勞碌且難有財運；白色如土灰的人，一生貧窮。

尖舌

此類人對別人的事相當感興趣，好奇心重，想像力豐富。如果有一點材料，他們就可以完完整整地編出一個故事！所以從他們說出來的話，就免不了經過加油添醋，誇張到極致。特別是如為女性，可真要小心一點，對於別人隱私特感興趣的她們，更會運用自己的想像力而讓故事更「引人入勝」！和這種人在一起也要保持距離，小心陷入是非之中。當然，好奇心人人都有，他們也只不過好奇心太重罷了。但另一方面，他們很率性，幾乎沒有什麼秘密，和這種人交朋友還是比較簡單開心的。

其他

顴骨隆者，鬥志十足

雙顴豐圓隆起的人，一般而言，個性收放都較自如、不卑不亢、有膽識、有才華

及平衡感，志行高潔，能負重任，自然有領袖的氣勢。性格方面一向樂於助人，喜歡照顧別人。女性顴骨突出者，傾向於男性味，而經常以行動來取代男性的職責，屬於忍耐型，而鬥志、氣力十足，常有「大鵬展翅恨天低」的感覺。民間把這種面相的女人說成剋夫相，其實是一種大男人主義在作怪。這類女性可在職場一展所長，她們不僅可以擺脫依附男人的舊觀念，還可以為家庭作出自己的貢獻。

頰瘦而顴骨突出，意志薄弱

一般來說，頰瘦而顴骨突出的人意志都較為薄弱，做事常常半途而廢，對任何事都顯得無所謂。但他們也不是連生存競爭能力都不具備的庸碌之人，他們也有勤勞的一面，不過他們在意的東西太少，所以要他們為某事而拼搏就很難了。但這種人會「不鳴則已，一鳴驚人」。只要找準了目標，加以努力，就會獲得周圍的大力支持，也會完成意想不到的大事業。

顴骨高橫，做事積極

顴骨高橫指的是顴骨在雙眼下方高聳，從眼尾下方開始向外擴張。顴骨高橫的人個性活潑。基本上，顴骨高橫的人，無論男女，他們的精力都非常充沛。另外，他們具有強烈的企圖心和權力欲，喜歡發號施令。特別是這種女人，她們喜歡凌駕於丈夫之上，在雞毛蒜皮的小事上也要充分顯示自己的能力，她們適合找戀母型的男子，可以互補互利。顴骨高橫的男子，有大男人主義。

顴骨豐聳，辦事利索

顴骨高聳，樣子不是很好看，但能力卻不弱。況且頰骨豐滿而毫無庇紋的人，其權力與聲名可以說是兼而有之。他們有膽識與能力，光明磊落，辦事爽朗明快，坦坦蕩蕩，很有魄力，其人必會鶴立雞群，出人頭地。這種人頭腦聰明，能見機行事。即便做職員，也是可以獨當一面的優秀職員。他們作風潑辣、辦事利索、有條有理，有快刀斬亂麻之手段。遇到挫折、麻煩和不正確的批評意見，也能沉住氣、不灰心、不怨天尤人，能頂著困難和逆境而上，一心做好事情，但是真正能夠達到此境界的人並不是很多。

顴骨低陷，志行不高

顴骨低陷的人，老實守信，沒有什麼壞心眼，有這種朋友不錯。但是他們志氣不夠高遠，甚至讓人感覺有點懦弱無能。而且他們缺乏活力，為人死板，行為僵化，談吐無味，反應遲鈍，膽識與能力有限，也比較脆弱。個性上略有自卑的傾向，沒有什麼野心，對自己的要求也不高，所以一生沒有什麼權力，會隨波逐流來度日。為了生計而一生勞碌，事業少成。

顴骨過份發達，固執己見

顴骨過份發達的人，單從臉部看上去就給人以高傲的感覺。而他們也的確有這種個性，常固執己見，虛張聲勢或顯得自負是他們的特色。在工作上，也不願意接受他人的忠告，總認為自己就是最好的，這一點不利於個人的進步！而且他們也有心高氣傲、故作清高的表象。不過，無論如何，他們的才氣就是他們最好的擋箭牌。儘管如此，但也是多屬得罪人多的邊緣人！當其命運行至這一地步時，可以說是達到了一生命運的頂峰狀態，但此種人的晚年卻十分孤獨。

顴骨高鼻子低，生活勞苦

顴骨高而鼻子低的人，從小可能生活就不盡如人意。步入社會後，其生活也會出現辛勤勞苦的現象，同時受到的阻攔很多，自我顯示性弱，而控制力也弱。他們行動能力差，意志薄弱，沒有恒心，在事業方面亦是一勝一敗，非常不穩定。這種人應磨練自己的意志與耐力。

頭頂痣，運氣好化凶厄

如果一個人有這樣一顆痣的話，一生都會有令別人羨慕的好運氣，除非是禿頭，不然這種痣很難被人發現。這種痣能使一個人逢凶化吉、轉危為安。

額上痣，遠家親

運氣一般，與親人之間的緣分較淺，離家在外的機會很多，也很難受到長輩上司的援助、提拔，生活也較艱苦。不過，如果長在額頭中央上方，那麼說明其人心智成熟，晚年生活較安定幸福。若是女性擁有額上痣，則財運較佳，但是在感情上容易有挫折。所以在選擇終身伴侶時，必須仔細地觀察對方的一切言行舉止。如果痣的型很好，則表示在運勢上擁有良好的環境與基礎，成功的可能性頗大。

臉頰痣，顧周遭

臉頰有痣的人較可能會有法律訴訟方面的問題。他們的優點是在做事方面非常積極，靠自己的力量可以達到目標。在與人相處方面，比較不會去體會別人的心思，經常以自我為中心，所以在人際關係上須多加用心，別以為只有你自己有煩惱，而把別人當成傾訴對象。如果痣的型不好，則此人特別欠缺執行力，又無法體會別人心思，因此容易遭到周圍人的反感。

顎上痣下巴痣，無定所

下巴有痣的人，如果這個痣並不是好的痣，也就是形狀不良或是顏色灰體，代表一生很不安定。若不是頻頻換工作，就是經常搬家，居無定所。過了中年以後會發生挫折，而孩子的問題也需令人擔心。但如果痣型很好，則隨著年齡的增長，生活會過

得極為安定，幸運也會降臨，而且這種人的財運也不錯。

眉間痣，勿自滿

這種痣表示大成功與大失敗兩種極端不同的運勢，在運勢佳時，容易有太自滿的現象。女性出現這種痣，表示家庭運較弱，注意管住丈夫的心，否則會有再婚的情況發生。一般而言，不論男女，都容易為異性之間的關係而受苦。總之，有這種痣的人，運勢雖好，但容易因稍有疏忽而發生不幸的命運。

眉藏痣，熱公益

痣藏在眉毛內的人，財運好且長壽，是大吉之相。不管是左眉還是右眉，這種人做事認真負責，而且非常有善心，熱心公益，非常適合做慈善事業。這種人對於演藝事業方面有所專長，此痣如果型很好，則往往能得大家的協助。反之，如果型不好，則兄弟的協助就會相對減少。

眼皮痣，犯長上

上眼皮有痣的人，十個有九個是無殼蝸牛，再不然就是居無定所，由於他們喜好自由，所以常常搬家，反正就是定不下性子來。如果痣型很好，能好好地利用機會，將會使自己的運勢扭轉，或使之更加好。反之，如果痣型不好，則此人容易反抗上司或長輩，因而失去了發展的機會。

眼下痣，夫妻散

下眼瞼有痣的這種人，在感情方面比較多波折。而結婚後會經常為了孩子的問題而擔心或受苦，也會因為這個原因，而影響到夫妻之間的感情，甚至導致破裂的局面。但如果這個的型痣很好，則此人子孫運就會很好，且子孫滿堂。

眼尾痣，犯桃花

不論是他對不起你，還是你對不起他，眼尾痣的人多在愛情或婚姻中出現第三者。眼尾到髮際間的地方稱之為奸門。奸門有痣者性格上很闊氣，很有魅力，所以異性緣極佳，欲念重。一生命中帶桃花，容易被異性糾纏不清。與異性的關係起初頗為順利，可是大都無法長久的持續下去，初次的婚姻往往受到阻礙。但如果痣的型很好，是黑色且亮澤，可以考慮從事多與異性打交道的事業，則能夠得到異性的援助而獲得幸運，做出漂亮的成績。不過小心自己的妒忌心過重。

鼻旁痣，皆好淫

鼻兩旁有痣的人，個性通常都很輕浮，男的像是花花公子，女的可能會紅杏出牆。也因心思不定，他們對工作會有諸多不滿，而影響了事業的發展。這種人容易獲得別人的信任，但在經濟方面就不大安定，比較揮霍。但如果痣的型很好，此人則有事業運，富有臨機應變的能力。中年以後運勢好轉，生活便會比較安樂。

鼻頭痣，圖享樂

鼻頭下端有痣的人，可能會結好幾次婚，異性關係比較混亂，而且性欲較強，有好色的傾向，經常會因為貪色而失敗。如果這種人長壽的話，也會是一個孤獨老人。財運也不好，所積蓄的金錢容易因為各種原因，而不得不花費掉。生活方面也較為艱苦，男生如果出現這種痣，千萬要十分謹慎，不可有貪圖享樂的行為，而且要小心身體。

嘴上痣，豐食祿

女性如果恰巧長在人中的位置，則要注意生產的問題，因為人中有損或有斑痣可能會有難產的跡象。另外，這種人適應環境的能力不好，並且比較不自由，但如果痣的型很好，則表示食祿運極佳，一生都不會為衣食煩心，而且精神生活也過得十分充裕。

嘴下痣，志薄弱

嘴的下方有痣的人，很可能一輩子都是個漂泊不定的人，所以即使有錢，也不適合買不動產。但如果痣的型很好，就能一生過著清閒舒適的生活，如果位於嘴下的正中央，則此人容易沉迷於杯中物，而在性格上也是個意志薄弱的人。不過這種人的優點是思慮周到，具有決斷能力，不會猶豫不決、優柔寡斷。

上唇痣，重感情

上嘴唇有痣的人，感情非常豐富，是個多愁善感的人，一生總是多為別人著想。他們很吸引人，給人以好感，朋友運當然很好！這種人的食祿運也很好，會經常受到別人的招待等。不過因為如此，要多注意不可飲食過度，有害身體健康。

下唇痣，多愛吃

下嘴唇有痣的人，一般而言都很顧家，也都很會做菜，做出來的菜當然也會很好吃，他們本身對吃也很講究，一生與吃有緣，所以有機會成為美食家。下唇有痣的人，不論是男是女大都是勞碌命。在感情方面，他們很受異性歡迎，而且也容易陷入多角戀情，捲入桃色問題。他們的人生就猶如一道菜，講究色香味俱全。

耳上痣，才華溢

通常來說，耳上長痣是一種福相。耳朵上方有痣的人，很有才幹，才華洋溢，腦筋轉得很快，有福氣，並且能夠把握幸運，事業容易成功，將來的個人財產也會有很多。但如果痣的型不好，則此人的自我意識很強烈，容易因為自己的任性而招來惡運。

耳背痣，犯雙親

這種痣長在耳朵的後面。如果長在耳朵的上方，表示和父母的關係不好。如果在

中間，要小心被別人利用。若是長在耳朵下方，則一生都沒有什麼財運。

下巴方，認真堅持

方型下巴的人比較能幹，非常有進取心，做起事來非常認真、果斷。當訂好一個目標時，這種人就會非常努力地做，直到達到目標，無論遇到什麼問題，他們都會堅持到底。因此適合從事學者、商業家、政治家、律師等職業。如果女性的下巴成四方形，她的個性則會是男性化，任性不夠溫柔，但頗有幹練。如果腮骨過寬也是一樣。

下巴長，助人美滿

下巴長的人為人處事積極、做事認真、有耐力、穩重，喜愛幫助別人、重義氣，對別人會付出很多的關懷，所以家庭生活美滿。他們有冒險精神，外向好動，精力旺盛，有堅強意志力，具判斷力準確，是長壽之相。不過個性很固執、感情脆弱，戀愛會投入很多，結婚後也會對妻子很好。如果是女性，則是外剛內柔的個性，典型的賢妻良母，對家庭會全心全意地投入。

下巴圓，溫和顧家

圓下巴的人，較容易擁有美滿的愛情。他們看起來非常和氣，易於相處。若男性擁有圓下巴，則個性溫和，在工作上是居於努力工作型，通常都會有升職的機會。如果女性下巴圓而小，則會喜愛藝術，有表演天才，如果從事表演事業，會有成就；如果下巴圓而滿，那麼她是個會顧家的人，且善解人意，是很重家庭生活的人，利於丈夫的事業，也可以教育好孩子，對公婆又好。不論如何，下巴圓滿的人開朗大方，樂於助人。

尖下巴，感覺敏銳好幻想

這種人感覺敏銳，喜愛幻想，適合朝藝術、設計的方面發展，可以在工作上做出成就。不過，他們在感情方面比較容易失敗，對家庭也不夠關心，所以到晚年要特別留意，若其它部位不好，會走下坡運。下巴尖小的女子，喜愛藝術，好幻想，做事沒有持久性。如果下巴長而尖，此人有冒險精神，性情好動。如果下巴尖銳而歪斜的人，則屬於恩將仇報的不義之人。

雙下巴，溫和專情

有雙下巴的人通常性情溫和、重感情，在社會上屬於德高望重型。他們對人相當熱情，寬宏大量，尤其熱衷於招待朋友，對吃喝玩樂方面也無所不通，所以人際關係很好。在愛情方面，男女都較為專情，很能製造情調，是一個好情人。結婚後這種人也能成為好丈夫或好太太。當然，他們在財運上也非常亨通。如果有雙下巴，再加上其它部位配合得當，則一生財運亨通，生活富裕，愈老愈榮。有雙下巴的人，氣度恢宏，乃仁厚福壽之相。

下巴寬，好奇善良

下巴有肉的人，他的晚年也會過得不錯。寬下巴的人，是居於心地善良的大好人，喜歡研究任何事物，對人非常誠實，在沒事做的情況下，也不會覺得無聊。下巴豐肥的人，晚年福壽，子孝孫賢，下巴闊圓，則此人老來錢必堆積，多田宅而富。如果下巴與腮部都豐厚圓滿，這種人一生用人得力，事業發達且長久。

下巴略凹的人，大都感情豐富，生活也因此多姿多彩。特別在愛情方面，他們是多情善感的人，能充分享受愛情的甜美，但也飽嘗情感的苦惱。可能是因為他們的疑心較重，付出的情感總要求得到相應的回報，總令自己陷入苦惱之中。所以普通人不值得擁有這樣的情人，也擁有不起。他們調適自己最好的方法，就是把自己投身於工作之中，以他們的藝術天分和豐富的感情，在演藝界或藝術方面都可取得很好的成績。

人中長者多是慢性子，做事有條不紊，能善始善終，工作踏實勤奮，身體也好。

法令長者多缺乏活力，呆板，但有理性，做事嚴謹，適合理財。

下巴豐滿者多性格溫和、穩重，極富愛心，辦事有條理，能力強，存得住錢，越老越享福。

法令中斷者的人形象好，和氣，無怒而威，有官運。

法令延伸到口部者：這種人多懶惰，而且愛挑三撿四、不滿現狀，這種人多不正派、無原則性，浮躁而自我控制力差，判斷易出錯。

人中短淺者大多獨立性差，也無責任心，自制力弱，缺乏信用，一生都難以獨立，是寄生蟲。

第四章　情態

第一節　總論情態

久注觀人精神
乍見觀人情態
大旨亦辨清濁
細處兼論取捨

【原典】

容貌者，骨之餘[1]，常佐[2]骨之不足。情態者，神之餘，常佐神之不足。久注觀人精神，乍[3]見觀人情態。大家[4]舉止，羞澀亦佳；小兒行藏[5]，跳叫愈失。大旨[6]亦辨清濁，細處兼論取捨。

【注釋】

①骨之餘：餘，這裡理解為外部表現，即人的容貌是人骨的外在表現。

②佐：原意是輔佐，這裡引申為彌補、補救。

③乍：剛開始，起初。

④大家：這裡指某個領域有特殊成就的人，如著名作家、著名藝術家、著名學者等。

⑤小兒行藏：這裡的意思是像小孩子的行為一樣，有時哭有時笑，有時跳有時叫。

⑥大旨：大的方面，主要方面，主要之處。

【譯文】

一個人的容貌是其骨骼狀態的餘韻，常常能夠彌補骨骼的缺陷。情態是精神的流韻，常常能夠彌補精神的不足。久久注目，要著重看人的精神；乍一放眼，則要首先看人的情態。凡屬大家——如高官顯宦、碩儒高僧的舉止動作，即使是羞澀之態，也不失為一種佳相；而凡屬小兒舉動，如市井小民的哭哭笑笑、又跳又叫，愈是矯揉造作，反而愈是顯得幼稚粗俗。看人的情態，對於大處當然也要分辨清濁，而對細處則

不但要分辨清濁，而且還要分辨主次方可做出取捨。

【評述】

「情態」與平常所說的「神態」有沒有區別呢？有區別。前面講到的「神」與「情態」有非常緊密的關係，它們是裡與表的關係。「神」蓄含於內，「情態」則顯於外，「神」以靜態為主，「情態」則以動為主，「神」是「情態」之源，「情態」是「神」之流。

「情態」是「神」的流露和外現，兩者關係極為密切，所以說「情態者，神之餘」。如上所述，如果其「神」或嫌不足，而情態優雅灑脫，情態就可以補救其「神」之缺陷，所以說「常佐神之不足」。

「神」與「情」常被合稱為「神情」，似乎兩者是一個東西或一回事，其實兩者相去頗遠，大有區別。「神」隱於內，「情」現於外；「神」往往呈靜態，「情」常常呈動態；「神」一般能長久，「情」通常貴自然。總之，精神是本質，情態是現象。所以作者認為，「久注視人精神，乍見觀人情態」。

情態與容貌之間，也是既有聯繫又有區別。容貌為形體的靜態之相，是表現儀表風姿的，情態為形體的動態之相，是表現風度氣質的，兩者質不同，「形」亦有別。

然而兩者卻可以相輔相成，相得益彰。不過唯有兩美才能相輔相成，相得益彰。常見容貌清秀美麗，而情態俗不可耐者，也有容貌醜陋不堪，而情態端謹風雅者，兩者均令人遺憾。

再談「恒態」和「時態」問題。「恒態」與「時態」是相互對照的一組概念。恒態，直解為恒定時的形態。具體地說，就是人的形體相貌、精神氣質、言談舉止等各種形貌在恒定狀態時的表現，在這裡主要是指言談舉止的表現形態。觀察一個人的恒態，對幫助評價他的心性品質有重要作用。時態，與恒態相對，直解為運動時的形態，時態與人的社會屬性、社會環境密切相關。人的活動，無不打上環境和時代的烙印。脫離時代與環境而獨立生活的人是不存在的。連烽火島上的魯濱遜也用著其他人造的槍和火藥。透過這一點，能充分體察出人的內心活動。

古人由於各種局限，未能明確地提出「恒態」與「時態」相結合的方法，較多地注意了「恒態」而忽略了「時態」，因而缺陷不小。曾國藩在這方面則脫出了前人的框框而有所創建，明確提出「恒態」、「時態」概念，由自發上升到自覺高度，在這方面比其他人進了一大步。這也是曾國藩作為晚清重臣的過人之處。

前面談了「文人先觀神骨」，這裡又說了「容貌是骨的外在表現」，更是讓人難以捉摸。本章最有價值對人們最有用的是「神之餘」，而不是「骨之餘」。

情態者，神之餘

把情態理解為神的流露和外觀，似乎講不通，情態應是人內心歡悅痛楚的面部表現。如果一身精神不足，要由情態來補充，佐以優雅灑脫、清麗絕俗、優美端莊、氣度豪邁、冷豔飄揚之態，當然別有一番風姿。以《紅樓夢》中的林黛玉論，一身病態，精神自然是不足的，雖得珍貴藥物調養，仍然回天乏力；但她冰雪聰明、弱態嬌美、淒苦輕揚，卻別是一種美麗。這是情態者，神之餘的一種。

細細區分起來，神隱含於內，情現露於外，一個抽象，一個具體，前者不易識別，後者易於識別；神以靜止態為主，情以運動態為主；神是持久性的內在力；神，貴在充沛，隱隱有形，情通常以瞬間表現為單位，貴在自然純樸。

如果說神是一種虛無縹緲的事物，使人不易理解，那麼情態的具體性則能夠作神的補充。在考察人物時，透過各種情態來由表及裡，發現人物的真性情、真本質，這是相對容易辦到的事。

常見有容貌清秀俊雅美麗的，但舉手言語之間卻俗媚難持，這是容貌佳秀而情態不足的；又有容貌醜陋不飾、觀不入目的，但卻是風姿綽約、端莊賢淑，不失一種深藏內在的美，這是容貌不足而情態有餘的。兩種情況的根源在於環境的修養和造化，其中有家庭的影響、社會的薰陶與自身的磨練。古人講，貧者因書而富，富者因書而貴，貴者因書而守成，皆因為書中的人生道理啟人智慧。從本節所討論的角度來看，是因為情態受人主觀修養的控制，有一個從不足到有餘、從不雅觀到端謹的演化過程，或者相反。基於情態乃神的外部表現與補充，神也是可以經由後天的磨練得到改變與強化的。

如果有人覺得自己命運不濟，凡事多難，讀到這裡是可以精神為之一振的，至少見到了改變現狀的一道曙光。

久注觀人精神，乍見觀人情態

精神是本質，情態是現象，要知人本質，須從神入手，而情態能佐神之不足，因此考察人物時，有初觀情態、深察精神兩個層次和步驟。

情態的表現百種千樣，卻在瞬間即可看到其變化，後面兩節分「恒態」與「時態」兩種詳加討論。精神的本質則不易知，故曾國藩在關注江忠源良久、待他走後才說明「名揚天下，壯烈慘節而死」的結論，其中不排除「久注觀人精神」的原因。

情態以動為主，因此在鑑別人物時，情態只是考察的內容之一，猶如局部與整體的關係，局部有缺陷，整體尚好，大體不壞；局部雖佳，整體已壞，則難當用。猶如一株大樹，枝丫壞死，而整株樹仍有生命力，仍不失去根深葉茂之美；如果大部壞死，雖餘有一枝半丫的綠意，終失其整體的完美，叫人嘆惜。

大家舉止，羞澀亦佳

大家，指學識修養深厚淵博、舉止莊穆大方、貼切得體之人。古有一語，最為傳神：「大人之風，山高水長。」其風貌情態除此八字外，再難描述。大家的舉止，以不疾不徐、大方得體為要，故非一時的裝作虛飾所可比擬。比如氣度豪放，一時之態可以虛飾，但終生不改其豪放，則是難之又難，不出於本性，是做不到的。

羞澀是內向型人的心理表現，也屬一種女兒態，但與猥瑣、小女兒家似的忸怩作態不可等量齊觀，而是見人臉紅、不善交際，開口訥訥，雖如此，但情態仍安祥靜穆，閒雅沖淡，一動一靜，一顰一笑皆不失大家風度，不落常人俗套。這種羞澀仍是一種佳相，即所謂「羞澀亦佳」。

小兒行藏，跳叫愈失

與前一句相對而言。大家舉止，以中和為標準，不值得提及的情態則如小孩兒一般，跳叫不定。成人有小孩子一樣的神情舉止，有各自不同的根源。出於真性情的，是頑劣本性在成年後的表現，一般較短暫，言談舉止一閃而過，逗人一時之笑，而不失成人的收斂大方。出於偽飾之心的，神情之間多可分辨，其人也能感應到自己的偽飾之態，可惜有意無意間縱容了這一點。

這種人並非無能之輩，可惜一般心有他念，而且感恩之心淺，個人私心重，用人時如不能仔細鑑察這一點，吃虧的多是自己或企業。

大旨亦辨清濁，細處兼論取捨

情態雖千種百樣，但終有跡可尋，大體上如神一樣，也是先辨清濁，再論表現。清濁之道，是從外貌鑑人察性的最基本原則，清者貴，濁者賤，蓮花出淤泥而不染即是以物取象。本卷所論及的神骨、剛柔、容貌、情態、鬚眉、聲音、氣色，均以清濁為鑑察的基本原則。

清濁原則是從宏觀上把握，在詳論細處時，以互逆互補、兼顧取捨為原則。神不足的，取情態可用可佳處補之，骨不足的，取容貌可用可佳處補之。人之神不能明白考察時，考察情態；相見短暫、無時間細審精神時，考察情態容貌；有羞澀女兒之態時，考察其本性自然純樸否；有小兒般行止時，考察其本性自然純樸否。以上種種都是兼顧取捨的實際應用。

【人才智鑑】

曾國藩識別劉銘傳

曾國藩勳業彪炳，平生用人很講究看相。

在淮軍剛剛建立時，李鴻章帶領三個人來拜見曾國藩，正好曾國藩飯後散步回

來，李鴻章準備請他接見一下三人，曾國藩擺擺手，說不必見了。李鴻章奇怪地詢問為什麼，曾國藩說：「那個進門後一直沒有抬起頭來的人，性格謹慎、心地厚道、穩重，將來可做吏部官員；那個表面上恭恭敬敬，卻四處張望，左顧右盼的人，是個陽奉陰違的小人，不能重用；那個始終怒目而視、精神抖擻的人，是個義士，可以重用，將來的功名不在你我之下。」

李鴻章請他進一步說明，曾國藩於是解釋道：「他們三人來到後，我要其在大廳外臺階上站著等，過了大約一個時辰（兩小時），就叫他們走了，始終未與他們正式見面，也未說一句話。這中間我來回走動，借廳內一個穿衣鏡觀察他們。那個麻子可能認為我不傳見，是刻意羞辱，因此咬牙切齒，面紅耳赤，似欲毆人，足見他有威武不屈的氣概。高個子則一直從容冷靜地站著，顯現此人沉毅有為。至於那矮個子，我面對他們時，他規規矩矩站好，我一背過去，他便放鬆下來，這個人實在沒出息。」

這三個人，那個怒目而視、精神抖擻的人是劉銘傳，高個子的是張樹聲，矮小的則姓吳。

姓吳的以後作戰常畏縮不前、投機取巧，真的只做到道員而已。

張樹聲則轉戰南北，積功升至兩江總督，政績卓著。

至於劉銘傳，因智勇雙全，功成名就甚早：光緒十年（西元一八八四年）中法越南戰爭爆發，劉銘傳統兵到臺灣，與法軍在基隆、淡水一帶苦戰，結果大敗法軍。其後治台六年，修築鐵路、興辦實業，政績斐然，遺愛在民，為鄭成功以後之第一人。

這三個人的成就，都早在曾國藩的妙算之中。

第二節　論恒態

有弱態
有狂態
有疏懶態
有周旋態
疏懶而真誠
周旋而健舉

【原典】

有弱態①，有狂態②，有疏懶態③，有周旋態④。飛鳥依人，情致婉轉，此弱態也。不衫不履⑤，旁若無人，此狂態也。坐止自如⑥，問答隨意，此疏懶態也。飾其中機，

不苟言笑⑦，察言觀色，趨吉避凶，則周旋態也。皆根其情，不由矯枉⑧。弱而不媚，狂而不嘩，疏懶而真誠，周旋而健舉⑨，皆能成器；反之，敗類也。大概亦得二三矣⑩。

【注釋】

①弱態：委婉柔弱的外在表現。

②狂態：放浪形骸的做法、狀態。

③疏懶態：指有智慧的人善於交際和善於中庸之道的情態。

④周旋態：指恃才傲物的怠慢懶散情態，而不是意志消沉、精神不振的慵懶情態。

⑤不衫不履：指人衣冠不整、不修邊幅的樣子。

⑥坐止自如：這裡的「坐」是通假字，通「做」。「坐止自如」的意思是想做什麼就做什麼，想怎麼做就怎麼做。

⑦中機：指人的心機。不苟：指人不認真，不嚴肅。

⑧皆根其情，不由矯枉：根，意為根源於，來自於；情，內心的真實情感。不由，意為人不能自由把握。枉，彎曲。矯枉：故意做作。

⑨健舉：指人的行為柔中帶剛，外強中乾。

⑩大概：大略，指以上四種情態的情形。二三，模糊的數字，指兩三成，引申為一些存在的可能。

【譯文】

常見的情態有以下四種：委婉柔弱的弱態，狂放不羈的狂態，怠慢懶散的疏懶態，交際圓滑周到的周旋態。如小鳥依依、情致婉轉、嬌柔親切，這就是弱態；衣著不整、不修邊幅、恃才傲物、目空一切、旁若無人，這就是狂態；想做什麼就做什麼，想怎麼說就怎麼說，不分場合，不論忌宜，這就是疏懶態；把心機深深地掩藏起來，處處察顏觀色，事事趨吉避凶，與人接觸圓滑周到，這就是周旋態。這些情態，都來自於內心的真情實性，不由人任意虛飾造作。委婉柔弱而不曲意諂媚，狂放不羈而不喧嘩取鬧，怠慢懶散卻坦誠純真，交際圓潤卻能有強悍豪雄之氣，日後都能成為有用之材；反之，既委婉柔弱又曲意諂媚，狂放不羈而又喧嘩取鬧，怠慢懶散卻不坦誠純真，交際圓滑卻不能有強悍豪雄的氣魄，日後都會淪為無用的廢物。情態變化不定，難於準確把握，不過只要看到其大致情形，日後誰會成為有用之材，誰會淪為無用的廢物，也能看出個二三成。

【評述】

曾國藩在文章中指出了四種形態：弱態、狂態、疏懶態、周旋態，並給它們下了定義，作了對比和定性分析，文字不多，但微言大義，言近與遠，值得借鑑。

「弱態」之人，性情溫柔和善，平易近人，往往又多愁善感，「細數窗前雨滴」缺乏剛陽果敢之氣，有優柔寡斷之嫌，即所謂的「多才惹得多愁，多情便有多憂，不重不輕證候，甘心消受，誰叫你會風流」之人。但這類人的優點和長處在於內心活動敏銳，感受深刻，若從事文學藝術事業或宗教慈善事業，往往有可能做出一定成就。這種人心思細密，做事周全，易叫人放心。但不太適合做開創性的工作。

「狂態」之人，大多不滿現實，憤世嫉俗，對社會弊病總喜歡痛斥。個人品性往往是耿介高樸，自成一格，正因如此，難與其他人打成一片。團結合作精神不是很好。但這類人有鑽勁，又聰明，肯發奮，持之以恆，終能有過人的成就。歷史上如鄭板橋等人，就屬這一類。但過於狂傲，失去分寸，又可能給自己帶來不少的麻煩。如三國時的楊修，恃才傲物，又不肯遵軍紀，隨便亂說，以致掉了腦袋；彌衡，年紀輕輕的，不僅不服人，還公然擂鼓大罵曹操，丟了性命。他們的死，不能說曹操不負責任，與他們自己的狂傲不羈不無關係。

具「疏懶態」者，大多有才可恃，對世俗公認的行為準則和倫理規範不以為然、滿不在乎，由此引發而為怠慢懶散、倨傲不恭。這種人，倘若心性坦誠而純真，則不僅可以呼朋引友，廣交天下名士，而且在學術研究或詩歌創作上會有所成就。疏懶往往只是他們人格的一個側面，如某種事業或某項工作確實吸引了他們，他們會全身心地投入其中，而且孜孜不倦勤勉無比。雖然他們在日常生活中會疏懶不堪，但有一點則是無疑的，即斷不能做官。長官一般不會選擇他們作為下屬，而他們既不善於與同僚相處，也不善於接人待物，更不會奉承巴結長官。

他們這麼做多半是因為不願在這些人際關係方面去浪費精力和時間，因此他們寧願掛冠棄印而去。如陶淵明，做了四十多天小官，毅然辭職而去，寧願去種田，「帶月荷鋤歸」，種種地寫寫詩，過「采菊東籬下，悠然見南山」的神仙日子，儘管生活很艱苦，他也自得其樂，絕不為五斗米向長官折腰。

具「周旋態」者，智慧極高而心機機警，待人則能應付自如，接物則能遊刃有餘，是交際應酬的高手和行家。這種人是天生的外交家，做國家的外官或大家豪門的大掌櫃，任大公司或大企業的公關先生或公關小姐，都能愉快勝任。

這種人辦事能力也很強，往往能獨當一面。假若在周旋中別有一種強悍豪雄之氣，那麼在外交場合，必能折衝樽俎，建功立業。古人所謂「會盟之際，一言興邦；使於四方，不辱廷命」，說的就是這個意思。

如歷史上盛傳的「藺相如完璧歸趙」、「唐雎不辱使命」等故事，就是這方面的典型代表。

然而，這中間仍須細細分辨，事物往往不會簡單到四種類型就能概括一切，人之性態也如此。

「弱態」若帶「媚」，則變為故迎諂媚之流，搖尾乞憐之輩，這是一種賤相。

「狂態」若帶「嘩」，則為喧嚷跳叫，無理取鬧之流，暴戾粗野，卑俗下流之輩，這是一種妄相。

「疏懶態」若無「真誠」，則會一味狂妄自大。此實為招禍致災之階，殊不足取。這是一種傲相。

「周旋態」若無「健舉」，則會城府極深，幾近狡詐、陰險和歹毒，這是一種險相。對這種人，倒是應該時時警惕，處處提防的，不能因一人之險進而亂了自己的陣腳，甚至敗壞了自己的事業。

人們在日常生活中表現出來的情態，除了「恒態」之外，還有經常、短暫出現的「時態」。曾國藩總結出三種「時態」：

深險難近者：方有對談，神所他往。正在交談之時，忽然隨便地把目光移往別處，這種情況表明：他心存別念，或者是心不在焉，沒有給對方足夠的重視。如無特殊原因，這種人一般來說缺乏誠意，不尊重對方。如果與這類人交流談心，那是找錯對象了。另一種可能是，談到一個話題時，他迅速地轉向了另一個話題。這種情態原因有兩個，一個、他是內傾式思維者，多關注個人內心世界，內心感情敏感而豐富，思維敏捷，但不大依據、照應外界的情況變化；另一個原因是心懷別念。前一種原於本性，不足為怪，後一種情況則不足與論了。

還有的人眾方稱言，此獨冷笑。大夥兒正談得高興，語笑嫣然，唯獨他一個人在旁邊獨有境界，也屬此類。

卑庸可恥者：言不必當，極口稱是。他人的言論並不正確，卻在一旁連連附和，高聲稱唱。如果不是存心這麼做，必定是個小人：胸無定見，意志軟弱，只知巴結奉迎、投機取巧。這種人自是不可信賴。生活中有一種人，完全以實力作為他結交的標準，比自己強的，他極力巴結稱是，比自己弱的，就看不起，態度傲慢，這也是一種小人，只不過心眼不太壞。

未交此人，故意抵毀。不曾與人交往，對人家全然不瞭解，完全是道聽塗說的個人主觀想像，就憑此一點，就對人家蜚短流長，也屬此類。

關於這三種時態，第三節將作更詳細的介紹。

另有一種情況需要區別，懷才不遇的人，為吸引別人注意，故意在大庭廣眾之下

做出奇談怪論的舉動。對這種人，首先要考察他的真實目的。這不是個一般的人，勇氣可嘉，而見識心智也不是泛泛之輩；其次，要考察其心性品德，如這一點不差，當然是奇才，不可與「不足與論事」等量齊觀。就像陳子昂長安賣琴一樣，如果不是真伯樂，是難以發現奇才之美的，反而當作奇談怪論而抹殺掉。但對有用之人而言，真金不怕火煉，是金子總會發光的。

在這樣一個是非之間，劉劭明確提出一個「七似之流」的概念：就是說社會上有一類人，表面看來博學多識，能力很強，但究竟屬怎樣，就需要仔細分辨了。劉劭把這類人分為七種，稱為「七似」，也就是模棱兩可的人。

一似：有人口齒伶俐，滔滔不絕，很能製造氣氛，嘩眾取寵，表面看來似乎能言善辯，但實際觀察其腦子的知識，乃一肚子草包，根本就沒有什麼東西。目前社會有很多這一類的「演說家」，我們要小心上他們的當。

二似：肚裡有些才華，但明明缺少高等教育，卻對政治、外交、法律、軍事等各種問題都講得頭頭是道。表面上看來似乎博學多能，其實樣樣通就意味著樣樣都不精。這類人以御用學者居多，這是似若博意者。

三似：有人水準低，根本聽不懂對方的言論，卻故意用點頭等動作迎合對方，裝出聽懂的樣子。在有權有勢的人身旁常有這一類拍馬屁的人，這是似若贊解者。

四似：有人學問太差，遇到問題不敢表明自己的態度，於是等別人全都發表完之後，再跟隨贊同附和，應用他人的某些言語胡講一通。許多不學無術的學者即屬此類。這是似能只斷者。

五似：有人無能力回答問題，遇到別人質問之時，故意假裝得精妙高深的樣子，避而不答，其實是一竅不通。有種官員遇到民眾質問時，常認為不屑一答，加以迴避，其實是不懂，故意顧左右而言他即屬此類。這是似若有餘實不知者。

六似：有人一聽別人的言論就感到非常佩服，其實似懂非懂，就是不懂。

七似：有一種江郎人物，道理上已到山窮水盡的地步，可仍然牽強附會，不肯服輸，一味地強詞奪理。此種理不直氣不壯的人，在議論場上處處可見，這是似理不可屈者。

前面所講的各態，各有所長，各有所短，作為用人者，應迎其長，避其短；在察看之時，則應以細小處入手，方可明斷其是非真假，正大者可成器材，偏狹者會成敗類，應注意區分。

第三節　論時態

前者恒態，又有時態
深險難近，不足與論情
卑庸可恥，不足與論事
婦人之仁，不足與談心

【原典】

前者恒態，又有時態。方有對談①，神②忽他往③；眾方稱言④，此獨冷笑；深險難近⑤，不足與論情⑥。言不必當，極口稱是，未交此人，故意詆毀⑦；卑庸可恥，不足與論事。漫無可否⑧，臨事遲回⑨；不甚關情⑩，亦為墮淚。婦人之仁，不足與談心。三者不必定人終身。反此以求，可以交天下士。

【注釋】

①方有對談：方，剛剛，正在。對談，這裡指面談。
②神：這裡指人的注意力。
③他往：指人的目光轉移到別的地方。

④眾方稱言：指人們正說的興高采烈的時候。

⑤深險難近：深，指的是人的城府很深。險，指人陰險狡詐。

⑥不足與論情：不值得建立感情，這裡指建立友情。

⑦詆毀：對別人進行惡意的攻擊和誹謗。

⑧漫無可否：漫，本意為沒有邊際，這裡是指無論做什麼或說什麼的意思。可否：可以或不可以，這裡指發表意見，表示肯定或否定。

⑨臨事遲回：指事到臨頭還猶豫不決。

⑩關情：相關的情感。這裡指感動。

【譯文】

第二節所說的，是在人們生活中經常出現的情態，稱之為「恒態」。除此之外，還有幾種情態，是不經常出現的，稱之為「時態」。如正在跟人進行交談時，他卻忽然把目光和思維轉向其他地方去了，足見這種人毫無誠意；在眾人言笑正歡的時候，他卻在一旁漠然冷笑，足見這種人冷峻寡情。這類人城府深沉，居心險惡，不能跟他們建立友情；別人發表的意見未必完全妥當，他卻在一旁連聲附和，足見此人胸無定見；還沒有跟這個人打交道，他卻在背後對人家進行惡意誹謗和誣衊，足見此人信口

開河，不負責任。這類人庸俗下流，卑鄙可恥，不能跟他們合作共事；無論遇到什麼事情都不置可否，而一旦事到臨頭就遲疑不決，猶豫不前，足見此人優柔寡斷；遇到一件根本不值得大動感情的事情，他卻傷心落淚，大動感情，足見此人缺乏理智。這類人的仁慈純屬「婦人之仁」，不能跟他們坦誠交心。然而以上三種情態卻不一定能夠決定一個人終身的命運。如果能夠反以上三種人而求之，那麼就幾乎可以遍交天下之士了。

【評述】

這裡論述了與「恒態」相對的「時態」。「時態」和「恒態」的概念，前面已經說明，這裡不再重複。

「方有對談，神忽他往。」正在與人交談時，他卻隨便把目光轉移到其他地方去，或者一個話題正在交談中，他卻突然把話題轉到與此全不相干的另一件事上去。可見這種人既不尊重對方，又缺乏誠意，心中定有別情。

「眾方稱言，此獨冷笑。」大家正談得笑語嫣然、興致勃勃之時，唯獨他一個人在旁邊作冷然觀、無動於衷，可見這人自外於眾人，而且為人冷漠寡情，居心叵測。

以上兩種情況均與正常情態相悖，不合常理。如果不是當時心中有什麼其他事，導致他失常的表情，那麼這種人多半是屬於胸懷城府，居心險惡之人。這種人不容易與他人建立良好友誼，別人對他也敬而遠之。因此，曾國藩評論為「深險難近，不足與論情」。

面談考察要從細處分辨，以上兩種情形不細心是不易察覺到的。粗者粗處看，細者細處看。曾國藩的價值取向和審慎之處就在於此。

「言不必當，極口稱是。」別人發表的觀點和見解未必完全正確，未必十分精當，他卻在一旁連連附和，高聲稱是，一味地點頭「是，是，是」。這種人如不是故意的，定是一個小人，胸無定見，意志軟弱，只知道巴結奉迎，投機取巧討好別人。這類人自然當不得重任。

「未交此人，故意詆毀。」不曾與人交往，對人家全然不瞭解，全是道聽塗說，加上自己的主觀想像，就在人背後蜚短流長，說人壞話，故意惡意誹謗他人，誣人清白。這種人多半是無德行的小人，無學無識，又缺乏修養，既俗不可耐，又不能自知。

以上兩種人，由於品格卑下，又無識無能，庸俗無聊，鄙賤光恥，既不能與之共事，更不可與之共友，立身端正的人，應與這類人劃清界線。當然，如果他們知而能改，又當別論。

「漫無可否，臨事遲回。」生活中有一類人，他們優柔寡斷、畏畏縮縮，做事只知因循守舊，而不知創新，陳規當除。因此，他們既缺少雄心壯志，又沒有什麼實際才幹，動手動腦能力都差。遇事唯唯諾諾，毫無主見，喜歡推卸過錯，不敢承擔責任，不敢挑工作重擔。因而，他們什麼見解也沒有，什麼事也做不成，徘徊遲疑，猶豫不決，空老終身。

「不甚關情，亦為墮淚。」這種人指生活中多愁善感的人，他們內心世界很豐富，也非常敏感，見花動情，聞風傷心。如病中的小女人，軟弱憔悴。凡遇事情，不論與自己相不相關，都一副淚眼汪汪的樣子，一種病中女兒態。

曾國藩對以上兩種情況一言評之為婦人之仁。這個評斷正確與否，貼切與否，精當與否，可以討論。但文中所指的兩種類型之人，確是存在於生活中的，要與這種人交談共事，的確很讓他人為難。鬚眉丈夫，整天如小女兒一樣扭捏垂淚，誰能長久持之。這種人辦事沒有意志、沒有頭腦，全憑「夫君」作主，能有成就麼？因而作者說不足與之論心。

以上幾種情況，作者評為「時態」。我們知道，人的氣質性格個性能力並不是與生俱來終生不變的，一變俱變，因而曾國藩最後一句「三者不必定人終身」，足見他的客觀公正，不以一語傷事之情狀。

中國古代對人的性格氣質等都有所研究，但沒有形成完整統一的體系，多散見於各種著述之中。俗語說：「江山易改，本性難移。」是不是一成不變呢？不是。曾國藩體情察意，明確認識到性情氣質不是固定永恆的，都是會有所變化的。更深一步說，他已經明確認識到一個人的性格性情、人格情操、言談舉止，跟他的命運好壞沒有直接的對應關係，不會決定人的終身命運。觀之社會現實生活，可以發現，一個奸邪的小人卻能身居高官顯位，而一個正人君子卻功名難求；賢相良將常常過早身首異處，巨奸大猾往往能夠得享永年。「善有惡報」，「惡有善報」，屢見不鮮，不算什麼怪事，因為社會生活太複雜了，沒有固定不變的公式。

「反此以求，可以交天下士。」古人講求學以致用。三種「時態」分析已畢，又該如何呢？知道這個道理，那麼在生活中可以去發現那些為人真誠、不飾虛偽、勇敢果決、敢做敢為、主見沉浮、立場堅定之士，與他們交朋友、共謀大事，可以成功。反之，則不可與小人交往，以趨吉避凶。這實際上是衡量、檢驗選擇人的標準，以此來評判所遇之人，自然可以確定哪些能成為親密戰友，哪些能同甘共苦，哪些人只能敬而遠之，以此結交天下之士，可保無誤。

但是不是就確保無誤了呢？不是，我們知道，為人處世，最重要的固然是識人，然而最困難的也是識人。人人不同，就像各人的面目都不相同。外形相似的人內心世

界也有很大的差別，因此古人常有「賢不可知，人不易識」的感歎。

識人最常犯的兩項錯誤：以己度人，主觀太深去認識一個人，以自己作為衡量別人的標準，主觀意識太強。經常會造成識人的錯誤與偏差。

先說《列子．說符篇》的一則故事。從前有一個人遺失了一把斧頭，他懷疑被隔壁的小孩偷走了。於是，他就暗中觀察小孩的行動，不論是言語與動作，或是神態與舉止，怎麼看都覺得像是偷斧頭的人。因為沒有證據，所以也就沒有辦法揭發。隔了幾天，他在後山找到遺失的斧頭，原來是自己弄丟的。從此之後，他再去觀察隔壁的小孩，再怎麼看也不像是會偷斧頭的人。

這個人就是以自己來度量別人，主觀意識太強，才會把老實小孩看成是賊。他心中認定小孩是賊，因此越看小孩越像賊；他心中認為小孩不是賊，以後再怎麼看都不是賊。其實小孩本就不是賊，完全受他主觀意識所左右，這也是由於主觀意識作祟因而造成識人的錯誤。我們要小心提防。

三國時代精於識人的諸葛亮，就曾因主觀原因而看錯馬謖。馬謖歷任竹縣、成都縣及越雋太守，能力過人，並好談軍國大事，諸葛亮很器重他。劉備在臨死前，對諸葛亮說：「馬謖言過其實，不可大用，希望你能察覺此事。」由於諸葛亮對馬謖印象很好，因此非但聽不進劉備的話，而且還任命馬謖為參軍。兩人談論軍國大事，每每從清晨到深夜。西元二二八年，諸葛亮出師祁山，當時眾大臣建議派魏延或吳懿為先鋒，可是諸葛亮獨排眾議，任命馬謖為先鋒，統率大軍與魏國的張郃交戰於街亭，結果被張郃所擊敗。因為先鋒大軍敗走，諸葛亮只好退守漢中。

以自己的主觀意識認識人，這是人性上的弱點，也是識人的大忌，精明的諸葛亮都難免陷入其中，何況一般凡夫俗子。

深受個人好惡所影響，往往會主觀臆斷。當我們喜歡一個人時，就會忽略他的缺點而肯定他的一切；當我們討厭一個人時，就會忘掉（或忽略）他的優點，單挑他們的弱點而否定他的一切。

舉一實例來說明。戰國時期有一個叫彌子瑕的人。因為他長得俊美，所以很受衛王的寵愛，被任命為侍臣。根據衛國法律的規定，私下使用大王馬車者，將處以割斷雙腿的刑事；彌子瑕因為母親生病，就私駕大王的馬車回家探病。衛王知道此事之後，不但沒有處罰彌子瑕，反而稱讚他說：「子瑕真孝順呀！為了母親的病竟然忘了刑事。」有一天，彌子瑕陪同衛王遊覽果園，彌子瑕摘下一個桃子，吃了一半，另一半獻給衛王。衛王高興地說：「彌子瑕真愛我啊！把好吃的桃子獻給我啊！」

若干年後，彌子瑕年老色衰，衛王就不喜歡他了。有一次，彌子瑕因小事得罪衛王，衛王就生氣地說：「彌子瑕曾經私駕我的車，還拿吃剩的桃子給我吃。」在數落

彌子瑕的罪狀之後，就把他免職了。

從上述的實例可知，一般人對另外一個人的態度很受個人印象好壞的影響。《齊書》說：「相同志向的人能夠相互幫助，仁愛之心相同的人能夠相互為對方考慮。厭惡事物相同的人能夠相互團結，志趣愛好相同的人能夠相互尋求。」《莊子》說：「一般的人都喜歡別人與自己相同，而不喜歡別人與自己不同。」《法訓》說：「公正的人喜歡別人的公正，偏私的人喜歡別人的偏私。」觀察人的人如果先入為主，心中有同異的觀念，在實際行事中必然會黨同伐異，對自己真正喜歡的人則文過飾非，對自己真正厭惡的人則吹毛求疵，如果這樣鑑定、衡量別人，失誤就太大了。據《漢書・陳遵傳》中記載：「陳遵小時候父親就去世了，後來他和張竦同在京兆為官，張竦博學通達，以正直謹慎自律，而陳遵放縱不拘。兩人的操行雖然不同，但相處得很友愛。」《漢書・張禹傳》又說：「張禹培養出的弟子地位最顯赫的有：淮陽人彭宣，官至大司空；沛郡人戴崇，官至少府九卿。彭宣為人恭敬、謹慎，很有法度；而戴崇平易近人，非常聰明，兩人行為方式不同。張禹內心裡喜愛戴崇，而對彭宣則敬而遠之。戴崇每次去問候張禹，常常責備老師應該置備酒食，讓優人奏樂助興，與弟子同歡樂。張禹便把戴崇帶入後堂，酒食相待，婦女相陪，優人在旁撫弦吹管，曲調鏗鏘，師生非常快樂，直到深夜才罷宴。而彭宣來時，張禹坐在便座上與他見面，兩人談話的內容便是講論經義。即使留彭宣吃飯，也不過是一個肉菜，一杯酒招待，彭宣從未到過後堂。後來兩人都聽說了此事，對老師給予的不同待遇都滿意。」古往今來像上面所說之人那樣，雖然行為方式不同，而不相互指責非難的，大概也太少了！至於以與自己有所同異為愛惡標準的，則有下面的例證：

《世說新語．品藻類》載：冀州刺史楊淮的兩個兒子楊喬與楊髦，都是幼年時成才。楊淮與裴頠、樂廣很友好，就叫兩個兒子去見他們。裴頠性格曠達正直，喜歡楊喬高雅的氣質，就對楊淮說：「楊喬將來能趕上您，楊髦略差一些。」樂廣性格清正淳樸，喜歡楊髦非凡的品格，就對楊淮說：「楊喬自然能趕上您，但是楊髦尤其傑出！」當時議論的人評說這兩人的看法，認為楊喬雖然氣質高雅，但品格不夠完美。還是樂廣說得對。

《晉書．郗鑑傳》載郗鑑路過姑孰和王敦相見。王敦對郗鑑說：「樂廣樂彥輔不過是一個才識淺陋的人罷了。年輕人漂浮不定，言語邪惡，名聲不佳，如果觀察一下他的所作所為，怎能超過滿武秋呢？」郗鑑說：「判斷人必須要根據他的真實情況。樂彥輔氣質平和淡泊，見識堅定純粹，身處於有傾覆危險的朝廷中，不拉幫結派。厚此薄彼，在湣、懷二太子被廢的事情上，他的表現可謂有柔有剛，不失原則。滿武秋是一個失掉氣節的人，怎麼能與樂彥輔同日而語呢？」

綜觀上述兩件事可以看出，裴頠曠達正直，所以喜愛高雅的氣質，樂廣清正淳樸，所以喜愛非凡的品格；而清正淳樸的性格，符合平淡，這種人對人物的評價，自然勝過偏執的人。郗鑑為人忠誠激奮，所以看重樂廣柔順而有正氣的本性；王敦心懷篡逆之志，所以不在意滿武秋失節的事，這都是愛同惡異的證明。

第五章　論鬚眉

第一節　總論鬚眉

少年兩道眉
臨老一付鬚
眉主早成
鬚主晚運

【原典】

「鬚眉男子」。未有鬚眉不具可稱男子者。「少年兩道眉，臨老一付鬚。①」此言眉主②早成，鬚主晚運③也。然而紫面無鬚自貴，暴腮缺鬚亦榮④：郭令公半部不全，霍驃驍一副寡臉⑤。此等間逢⑥，畢竟有鬚眉者，十之九也。

【注釋】

①少年兩道眉，臨老一付鬚。」意為一個人年輕的時候的命運怎麼樣，是由眉毛的相來決定的，而晚年運氣怎麼樣，則以看人的鬍鬚為主，也就是說是由人的鬍鬚決定的。

②主：以它為主，由它決定。

③晚運：晚年的運氣。

④紫面無鬚自貴，暴腮缺鬚亦榮：古人們認為，面部的顏色是紫色的人，屬於金中帶火，屬於五行生剋中的「逆合」，即使沒有好的鬍鬚，也是大福大貴。而暴腮的人如果有燕頷虎頭，則是封侯拜相的貴人，所以腮部暴突的人，缺少鬍子也是大紅大紫的人。

⑤郭令公半部不全，霍驃驍一副寡臉：郭令公，就是唐代平定「安史之亂」的郭子儀。他是唐朝的傑出將領，因他從河北趕回勤王，配合回紇兵收復長安、洛陽有功，被升為兵部尚書。後因屢戰屢勝，再升為司徒，並封為代國公。乾元元年，又因河上討賊大勝，升為中書令。其後，又進封汾陽郡王。代宗時，僕固懷恩叛變，糾合回紇、吐蕃攻唐，郭子儀說服回紇統治者與唐聯兵，以拒吐蕃。德宗即位，尊他為尚父。郭子儀一生仕歷玄、肅、代、德四朝，是唐代中期的重要軍事政治人物，傳說他

的鬚相不好，所以說他「半部不全」。霍驃驍，就是漢代的霍去病，他曾任驃驍將軍，封冠軍侯，位高權重，但說他的鬚相也不好，所以這裡曾國藩說他是一副寡臉。

⑥此等間逢：此等，指這一類人，即指郭子儀和霍去病這樣的人。間，間或，偶然的意思。

【譯文】

人們常說「鬚眉男子」，這就是將「鬚眉」作為男子的代名詞。事實上也的確如此，因為還沒有見過既無鬍鬚又無眉毛的人而稱為是男子。人們還常說：「少年兩道眉，臨老一付鬚。」這兩句話則是說，一個人少年時的命運如何，是要看眉毛的相，而晚年運氣怎麼樣，則以看鬍鬚為主。但是也有例外，臉面呈紫氣，即使沒有鬍鬚，地位也會高貴；兩腮突露者，就算鬍鬚稀少，也能夠聲名顯達：郭子儀雖然鬍鬚稀疏，卻位極人臣，富甲天下；霍去病雖然沒有鬍鬚，只是一副寡臉相，卻功高蓋世。但這種情況，不過只是偶然碰到，畢竟有鬍鬚有眉毛的人，占百分之九十以上。

【評述】

鑑人以鬚眉屬於「形鑑」，其思想多為繼承傳統術數派相學內容，沒有太大價值。首先總論人之鬚眉與人的命運關係。不過曾國藩的「形鑑」方法受其「形神結合」方法論的影響，倒也並不拘泥過分。又如「然而紫面無鬚自貴，暴腮缺鬚亦榮；郭令公半部不全，霍驃驍一副寡臉」等句就很好地說明了這一點。

一開始用「鬚眉男子」這句俗語開頭，其目的是強調說明鬚眉是表現男子漢、大丈夫氣概的重要標誌，不可小視。緊接著說「未有鬚眉不是可稱男子者」，是對「鬚眉男子」的具體解釋和說明。按照中國醫家的說法，「眉」屬膽，性陽剛而近火。故古人認為，眉是「兩目之華蓋，一面之儀表。且為目之彩華，主賢愚之辨。眉鬚要寬廣清長，雙分入鬢，或如懸犀、新月之樣，尾豐盈，亮居額中，萬保壽宮成。」

「鬚主晚運」。中國醫學認為：「鬚」屬腎。性陰柔而近水，故下長而宜垂。為什麼一個人晚運和鬍鬚有關係呢，其原因大概是這樣的：大凡鬍鬚豐滿美麗者，是因為腎水旺、腎功能強。而腎旺是一個人身體健康和精力旺盛的重要原因和必不可少的條件。身體健康，精力旺盛，意志力常常也很堅定，工作起來很得心應手。經過日積月累，到了中晚年，事業就有所成。再者，在傳統社會中，以多子多孫為貴。腎是生殖系統的根本，腎水旺，腎功能強，自然容易多子，多子就容易多孫，而多子多孫意味著多福，至少當時的人這麼認為。所以，曾國藩才說「鬚主晚運」。

人的眉毛、鬍鬚都只是人體毛髮這個整體中的一個部分。既然是整體中的各個部分，那就應該相顧相稱，均衡和諧。眉雖主早成，仍要鬚豐美。否則難以為繼，不能善始善終，即便有所成，也怕是維持不了多久。再說，眉強鬚弱，畢竟有失均稱，面相便不和諧。「其貌不揚」就這樣形成了。鬍鬚雖主一人的老來運氣，但還是需要得到眉毛的照應。不然，就如同久旱的秧苗，遲遲才有雨露澆灌滋潤，其果實也不會圓滿。總之，陰陽須和諧，鬚眉要相稱，古人相訣中所謂「五三、六三、七三，水星羅計要相參」，就是這個意思。

「紫面無鬚自貴，暴腮缺鬚亦榮。」「紫面」之人是屬於金形人帶火相，因金的顏色是白的，火的顏色是紅的，紫色則是火煉之金，這是寶色。本卷〈剛柔〉篇也認為：「金而合火，萬逆而合，其貴非常。」因此，作者才認為「紫面無鬚自貴」。再從現實生活及生理學的角度來看，「紫面」者一般氣血充沛，性情剛烈，從事某項事業往往有成，並因此而「貴」。腮為口的外輔，口為水星，腮自然也屬水，暴腮之人，水必有餘。從前面的論述可以知道：水多者，「貴」。所以，暴腮之人即腮部突出者，鬍鬚稀少不全，也當富貴。作者再輔以郭子儀和霍去病的例子來證明這些論斷。但郭子儀、霍去病的鬚相，正史裡沒有記載，這裡的「半部不全」和「一副寡臉」是野史中的記載。

鬚眉是人體毛髮的一部分，下面介紹一下人體毛髮的另一部分——頭髮。

頭髮，如同山脈上有草木。草木茂盛，那麼山脈就會被遮掩，如同山野的植被。

因此，頭髮要細軟、稠密、短、黑亮、清秀，這是貴人之相。髮色赤紅的人，多遭災難。頭髮粗硬並且散亂的人，生性剛烈，喜歡獨來獨往。頭髮稠密而氣味臭的人，命運乖舛，一生貧賤。頭髮捲曲並且散亂的人，生性狡詐，一生貧苦。髮際低下的人貧賤。髮際較高者，秉性溫和。後腦髮際較高，此人性格怪僻狠毒。因此，耳邊沒有鬢髮，其人心懷毒計。髮際侵眉亂額，主人一生多災難。鬢髮粗硬，稀疏，其人財富不多，僅能糊口。

第二節　早慧

彩者，梢處反光
貴人有三層彩
有一二層者
長有起伏，短有神氣

【原典】

眉尚彩，彩者，梢處反光也①。貴人有三層彩，有一二層者②。所謂「文明氣

象」，宜疏爽不宜凝滯③。一望有乘風翔舞之勢，上也；如潑墨者，最下④。倒豎者，上也；下垂者，最下⑤。長有起伏，短有神氣⑥；濃忌浮光，淡忌枯索⑦。如劍者掌兵權，如帚者赴法場⑧。個中亦有徵範，不可不辨⑨。但如壓眼不利，散亂多憂，細而帶媚，粗而無文，是最下乘⑩。

【注釋】

①眉尚彩，彩者，梢處反光也：尚，崇尚。彩，光。梢，指眉梢。反光，指的是鳥獸，特別是珍禽異獸羽毛末梢浮現的一層絢麗多彩的光澤。這光澤是生命力的顯現。這句話的意思是，眉毛喜歡光彩，所謂的光彩，就是眉梢閃現出來的光澤。

②貴人有三層彩，有一二層者：三層，指的是眉毛根處是一層，中處是一層，梢處是一層。三層彩是最好的，也最不容易擁有，只有偉大傑出的大人物才有。有一二層者，意思是有的人有一層彩，有的人有兩層彩，人的高貴是由「彩」的層數來區別的：有三層彩的人最高貴，命運最好，有兩層彩的人是相對較好的，有一層彩的人又沒有有兩層彩的人好一些。

③所謂「文明氣象」，宜疏爽不宜凝滯：人類進入文明時代以後，人們身上髮毛的減少是很顯著的，這是人類進步的具體表現和標誌。舒爽，意思是疏密有致，清秀

潤朗。凝滯，指凝結、厚重、呆滯。

④一望有乘風翔舞之勢：遠遠看去，眉毛像是有龍在空中飛翔，像鳳在舞蹈。這裡是形容人的眉相好，生動有神。如潑墨：指的是人的眉毛像一團潑開的濃墨。

⑤倒豎：指的是「倒八字眉」，這種眉相有氣勢、有精神，這樣的人威武剛猛，剛強堅毅，勇氣十足，有積極進取之心。下垂：也就是「下八字眉」，這種眉相沒有氣勢也不傳神，這樣的人猥瑣醜陋，性格懦弱，為人卑鄙低下。

⑥長有起伏：也就是「彎而有勢」，古代的人認為眉毛平直如箭而沒有起伏變化，主人的性格急躁，好強也喜歡鬥狠。所以，眉毛過於平直不好。短有神氣，古代人認為，眉毛應該長並且有神氣，如果短的話，它流露出來的神氣就不容易被發現了。所以這裡強調「短有神氣」，如果一個人的眉毛很短又沒有神氣，同樣是不吉利的，因為這種眉相主貧和夭折。

⑦濃忌浮光，淡忌枯索：浮光，指的是虛浮之光，古人認為，眉毛濃了卻虛浮泛光，缺少生氣，是陰氣太重的緣故，帶殺氣之相。枯索，是指不結實的繩子。古代的人認為這種眉相沒有氣勢、沒有神氣、沒有光亮、沒有靈氣，是火將要化成灰燼將要熄滅的徵象。這種眉相主貧窮夭折。

⑧如劍者掌兵權，如帚者赴法場：如劍者，就是眉相像劍的人；掌兵權，意思是

指揮軍隊，也就是當將領，貴為將帥；如帚者，是指眉毛像掃帚的人；赴法場，就是指犯了死罪被殺頭。

⑨個中亦有徵範，不可不辨：個中，其中，裡面。徵範，跡象，預兆，徵兆。

⑩但如壓眼不利，散亂多憂，細而帶媚，粗而無文，是最下乘：壓眼不利，指人的眉毛過長，以至於掩蓋住了眼睛，使目光顯得晦澀、昏暗；細而帶媚，指人的眉毛過長又帶有媚態俗態，這樣的眉相表示這個人陰柔過度，陽剛不足；粗而無文，指人的眉相粗壯卻沒有文秀之氣。「媚」是陰柔過度之相；「文」是說剛柔並濟，文秀柔美之相；「粗」則是說剛太過了，容易導致粗野庸俗。如果有「文」加以補救，仍是好的面相。

【譯文】

眉崇尚光彩，而所謂的光彩，就是眉毛梢部閃現出的亮光。富貴的人，其眉毛的根處、中處、梢處共有三層光彩，當然有的只有兩層，有的只有一層，通常所說的「文明之象」指的就是眉毛要疏密有致、清秀潤朗，不要厚重呆板，又濃又密。遠遠望去，像兩隻鳳在乘風翱翔，如一對龍在乘風飛舞，這就是上佳的眉相。如果像一團散浸的墨汁，則是最下等的眉相。雙眉倒豎，呈倒八字形，是好的眉相。雙眉下垂，呈八字形，是下等的相，眉毛如果比較長，就得要有起伏，如果比較短，就應該昂然有神，眉毛如果濃，不應該有虛浮的光，眉毛如果淡，切忌形狀像一條乾枯的繩子。雙眉如果像兩把鋒利的寶劍，必將成為統領三軍的將帥，而雙眉如果像兩把破舊的掃帚，則會有殺身之禍。另外，這裡面，還有各種其他的跡象和徵兆，不可不認真地加以辨識。但是，如果眉毛過長並壓迫著雙眼，使目光顯得遲滯不利，眉毛散亂無序，使目光顯得憂勞無神，眉形過於纖細並帶有媚態，眉形過於粗闊，使其沒有文秀之氣，這些都是屬於最下等的眉相。

【評述】

在生活中，當我們形容某人漂亮時，常用「濃眉大眼」一詞，而形容心術不正的人則用「賊眉鼠眼」。可見，「眉目傳情」並非虛言。這就是說，眼眉可當作非常獨特的一種表達方式，尤其是視線更表現著種種心態。

而作為一代名臣，曾國藩尤其精通相術，擅長於從眉相識人。據說他觀眉有四個條件並從中加以區別人才。

有勢，即「彎長有勢」；有神，即「昂揚有神」；有氣，即「疏爽有氣」；有光，即「秀潤有光」。

一個人的眉毛如果符合這幾項要求，那當然是最好的眉相。這樣的眉毛既反映了其人身體健康，同時看上去也很漂亮。在以上四個條件中以「光」最為重要。一個人的眉毛若能有光彩，就如同珠寶熠熠生輝，如果黯然失色，好比珠寶年久無輝。而所謂「光」就是本節所強調的彩，所以作者在本節開門見山地提出「眉尚彩」。

毛髮有亮光是一個人生命力的顯現和標誌，年輕人的毛髮通常都很光潤明亮，老年人的毛髮卻多是乾枯無光，原因就是前者的生命力比後者的生命力要旺盛得多。鳥獸的羽毛在末梢處都能顯示其光亮，特別是珍禽異獸，比如虎豹、孔雀之類，更是光彩照人，鮮豔奪目。似乎動物皮毛的光亮，也能顯示其在動物中的位置和層次。

「彩」有三層，就是根處一層，中處一層，梢處一層，層數是富貴的等級標誌。「貴人有三層彩，有一二層者。」這句話是在強調富貴也有等級之分。最高貴者其眉毛共有三層彩，有二層彩和只有一層彩的分別為中貴和小貴。

人體毛髮的蛻變，即由多變少，由濁變清，這是人類由茹毛飲血的野蠻時代進化到文明階段的標誌，也是所謂文明氣象最顯著的特徵之一。作為文明時代的人，就應該有頗具文明氣象的雙眉。其眉毛就要像作者所說那樣，「宣疏爽不宣凝滯」。這裡的「疏爽」就是「清秀」的表徵，而「凝滯」則是「俗濁」的表徵。人的（無論是眉相，還是面相、體相）貴「清」而忌「濁」。所以，人的眉毛要有文明氣象，首先，就要「疏爽」。

疏爽和凝滯有兩種情況：一是眉自身或為疏爽或為凝滯，二是兩眉之間的關係或為疏爽或為凝滯，前者如龍眉、輕清眉、柳葉眉、臥蠶眉、新月眉、清秀眉等，為疏爽。而掃帚眉、小掃帚眉、鬼眉等則為凝滯，後者如龍眉、劍眉、輕清眉、清秀眉等為兩眉之間關係疏爽，而交加眉、八字眉等，則是兩眉之間關係凝滯。

清秀眉：這種眉再配上丹鳳眼，真是眉清目秀，貴不可言。新月眉：女人具有這種眉，溫柔多情，是男士追求的好對象。柳葉眉：這種人骨肉情疏，多情善感，聰明伶俐，對朋友卻很情篤。八字眉：若是女性，反而愛情專一，聰明能幹，但性躁。若八字眉，眉尾不垂而長者，長壽之相。一字眉：這種人頑固、獨斷，自尊心極強。虎眉：性野，勇而無謀，果敢逞強。鬼眉：眉毛粗而闊，人面獸心，佔有欲特強。間斷眉：兄弟無緣，薄情，這是凶相。交加眉：這種眉毛的人，一定是傾家蕩產的敗家子。螺旋眉：多疑，虛榮心強，易中途受挫。

「一望有乘風翱翔之勢」，這種眉乃是勢、光、神、氣四美兼具之眉。疏爽之至，清秀之極。即便不能富貴福壽俱全，至少也能占其一二。即使不能「立德、立功、立壽」這三「不朽」全占完，也能據其一項，所以這種眉毛才是上佳的眉相。遠遠望去，如龍鳳在乘風翱翔。所以，有此眉相的人大富大貴，祿厚壽長。如龍眉、劍

眉、新月眉就屬於此上等眉相。

潑墨，就是形同倒在地上的墨蹟，其形當然是亂七八糟、醜陋不堪的。鬼眉、尖刀眉、掃帚眉的表象也是渙漫散亂的，就如同「潑墨」般難看，而這些眉的本質是血旺貪淫。主人生性兇狠、愚昧、魯莽，並有殺身之禍。當然，是為「最下」。

「倒豎」之眉，指眉相成倒八字，主人性格堅毅、有理想、有抱負、勇於進取，具備了成就大業的所有心理品質。當然容易成功，所以屬「上也」。但萬物都有其限度，過則不美。這種眉如過於飛揚無度，使眼顯得低陷無氣，則多為好高騖遠，心比天高之徒。小事不願做，大事又做不了，終無成就。

「下垂」之眉，就是眉相形同「八」字，這種人性格懦弱，為人卑劣，多是行為猥瑣、貧賤低下之人。所以謂之「最下」。

「長有起伏」，指眉粗清秀有起伏。主人性格穩健，清貴高雅。有這種眉相的人，既能享受富貴，而且壽命也長。相反，如果眉毛過長卻沒有起伏，直得像箭一樣，則為人脾氣火爆、逞強鬥狠，有這種眉相的人，最終不得好死。

「短有神氣」，這「短」是指眉毛相對於面部顯得較短，前面的「長」也是指眉毛相對於面部顯得較長，眉毛短又缺乏神氣，就使眉相顯得急促又露肉，醜陋又單薄，是一副孤寒貧窮之相，主人早早夭折。相反，如果「短而有神氣」，那麼，眉毛短的缺陷就可以由神氣來補救，這就是常說的以神補形。

這裡做一點說明：古代漢語常將句子的成分省略許多。當時的人習以為常就不以為然，但今天看來，有些成分不能省略，否則，整個語句就令人費解了。如「長有起伏，短有神氣」這兩句中，均省略了一個「宜」字。應該是「長宜有起伏，短宜有神氣」。因為從上下文分析來看，「長有起伏」並非說只要長就必定有起伏，而是眉毛長了，要有起伏才好。「短有神氣」與這一樣。

看眉識人，一看濃淡，二看清雜，三看眉形。一般來說，眉毛清秀疏淡，是福祿尊貴；眉毛濃厚粗雜，是低賤貧苦。

古人認為，下列眉形為好：眉毛長垂，高壽；眉長過目，忠直福祿；眉如彎弓，性善富足；眉清高長，聲名遠揚；眉秀神和，得享清福；眉如新月，善和貞潔；眉角入鬢，才高聰俊。

概括地說，眉毛宜長、宜秀、宜清、宜彎等。長則壽高，秀則福祿，清則聰穎，彎則善潔。

識眉識人認為下列眉形為壞：眉短於目，性情孤僻；眉骨稜高，多有磨難；眉散濃低，一生孤貧；眉毛中斷，兄弟離散；眉毛逆生，兄弟不和；眉不蓋眼，孤單財敗；眉交不分，年歲難久；短促不足，漂流孤獨。

概括地說，眉忌短、忌散、忌雜。短則貧寒，散則孤苦，雜則粗俗。眉毛的變化豐富多彩，心理學家指出，眉毛的動態分別表示不同心態。

有時，長時間的凝視屬於一種對「私生活」的侵害。因為不管有意或無意，將視線集中某處是作為一個人企圖擴大其勢力範圍的表徵之故。蜜雪兒．阿基利所寫的《對人行動心理學》一書的觀點，一個人與他人單獨交談之時，視線朝向對方臉部的時間，占全部談話時間的百分之三十～六十左右。他指出，在交談中，超過該一平均值，在說話之中，幾乎是連續注視對方的，則可認為該人對說話者本身比對說話內容，更感興趣。因為一直凝視對方，便認為是他對話題深感興趣的看法，誠屬大錯特錯，事實上，他對說話的內容，一個字也沒有聽進去。

反之，低於該一平均值，在交談之中，視線朝向對方臉部的時間在百分之三十以下，即幾乎不看對方者，視為企圖掩飾什麼，大致不會有錯。此在刑警詢問嫌疑犯時，也被用作判斷嫌疑犯之口供是否真實的一種手段。

至於，話至中途，常常可以感受到對方直視自己的現象，似乎每個人都會有體會。

根據阿基利等人就直視與人類心理所作的實驗顯示，直視是性方面受到誘惑的一種信號，因為女性大多數均採取直視。這是實驗室之中所獲證的結果。因此，直視行為是想抑制深層心理的性欲望及情緒作用，結果反而更呈現出這一心理。

直視原本屬於想跟對方保持融洽的欲求增大時產生的行為。但是，此僅限於彼此狀況和好或是協調的情形。處於競爭或對立狀況時，採取直視的人，表示其具有強烈的支配欲，尤以女性方面，此傾向更為強烈。

另外，視線的移動也經常表現出該人的心理狀態。

說話之際，眼神閃爍不定者，表示精神上的不穩定狀態。據幹練的刑警稱，犯罪者在坦承罪狀之前必然出現此種狀態。因為他們企圖迴避我方凝視的視線，不願雙目交接，也是由於心中隱藏著某事或有所愧疚之故。

迴避視線的行為，就心理學而言，視為自己不願被對方看見的心理投射，亦即隱藏著不想被對方知道的某事之可能性更大。

所以，積極運用這種「迴避視線」的身體言語，也可以不必開口而將自己意向傳達給對方。在酒席等場合，想儘早結束無謂的胡扯或牢騷滿腹的怨言，以及欲以「不」拒絕對方要求之時，上述手段很有效。這是由於表面上一邊保持熱衷的附和，似乎專心聽話的狀態，一邊卻利用眼神的游移不定，在心理上阻止對方想繼續說下去的意思。

人的視線方向象徵心理狀態。首先談談斜視的目光。這是屬於拒絕姿態，還是屬

於猜疑輕蔑對方的一種表現呢？其實，這只不過是利用視線來表達想將身體也轉過去的一種心理。

如果在席間交談中，你的宴席朋友用這種斜眼之光看你，那就意味著他沒有重視你，或者是想離開你，起碼是對你的話題不感興趣了。在現實中以眉眼看人，能使你更好地瞭解他人、認識他人。

第三節　晚成

鬚有多寡
取其與眉相稱
長如解索，風流榮顯
勁如張戟，位高權重

【原典】

鬚有多寡，取其與眉相稱①。多者，宜清、宜疏、宜縮、宜參差不齊②；少者，宜光、宜健、宜圓、宜有情照顧③。卷如螺紋，聰明豁達；長如解索，風流榮顯④；

勁如張戟⑤，位高權重；亮若銀條，早登廊廟，皆宦途大器⑥。紫鬚劍眉，聲音洪壯⑦；蓬然虬亂，嘗見耳後⑧，配以神骨清奇，不千里封侯，亦十年拜相。他如「輔鬚先長終不利」、「人中不見一世窮」、「鼻毛接鬚多滯晦」、「短髭遮口餓終身」，此其顯而可見者耳。

【注釋】

①相稱：相適合，匹配，協調。

②清：不渾濁，指清新乾淨給人明快的感覺。疏：錯落有致，舒爽明朗。縮：不筆直，不堅硬，不散亂。參差不齊：這裡指的是長短有序，配合得當。

③光：不苦澀乾燥，令人清爽。健：健康有生機，有活力。圓：不呆滯，圓潤生動。有情照顧：指鬍子和其他部位的東西像眉毛、頭髮等相協調，成為一個整體，就像它們之間彼此有情有義，彼此照顧一樣。

④長如解索：解索，就是磨壞的繩頭。風流，喜歡女色卻不淫亂。

⑤勁如張戟：勁，剛健有力。張，張開。

⑥亮若銀條，早登廊廟，皆宦途大器：亮，鮮明清新，潤澤有光。廟堂，這裡指朝廷。登廟堂指人做了高官。

有正氣。⑦紫鬚劍眉，聲音洪壯：紫鬚，紫色的鬍鬚；劍眉，像長劍一樣的眉毛，形容人

⑧蓬然虯亂，嘗見耳後：蓬然，蓬鬆的樣子。虯，古時候指帶角的小龍。虯亂，像虯的須一樣散亂。嘗，意思是曾經，有的時候。古人認為這種鬍鬚氣宇軒昂，德威皆備。

【譯文】

鬍鬚，有的人多，有的人少，無論是多還是少，都要與眉毛相和諧、相匹配。鬍鬚多的應該清秀流暢，疏爽明朗，不直不硬，並且長短分明有致。鬍鬚少的，就要潤澤光亮，剛健挺直，氣韻十足，並與其他部位相互照應。鬍鬚如果像螺絲一樣的彎曲，這人一定聰明，目光高遠，豁然大度。鬍鬚細長的，像磨損的繩子一樣到處是細彎小曲，這種人生性風流倜儻，卻沒有淫亂之心，將來一定能名高位顯。鬍鬚剛勁有力，如一把張開的利戟，這種人將來一定當大官，掌重權。鬍鬚清新明朗，像閃閃發光的銀條，這種人年紀輕輕就為朝中大臣。以上這些都是仕途官場上的大材大器的人物。如果人的鬍鬚是紫色，眉毛如利劍，聲音洪亮粗壯。鬍鬚像虯那樣蓬鬆勁挺散亂，而且有對還長到耳朵後邊去，這樣的鬍鬚，再有一副清爽和英俊的骨骼與精神。

即使封不了千里之侯，也能當十年的宰相。其他的鬍鬚，如輔鬚先長出來，終究沒有好處。人中沒有鬍鬚，一輩子受苦受窮。鼻毛連接鬍鬚，命運不順利，前景暗然。短髭長大了而遮住了嘴，一輩子忍饑挨餓等。這些鬍鬚的凶象，是顯而易見的，這裡，就用不著詳細論述了。

【評述】

古代相士認為眉鬚之美在於眉與鬚相稱相合。

相的相稱與相合，是就靜態形相論形體組織結構成敗的原則，這一原則有兩個內容：相稱原則、相合原則。相稱，指形體各部位之間相互顧盼、相互協調，顯得勻稚、均衡，使整個形體呈完美之相。相稱為有成之相，反之則為無成之相。相合，指合五行形局，若合五行正局則為上相，反之則為下相。《五行形相》稱：「金不嫌方，木不嫌瘦，水不嫌肥，火不嫌尖，土不嫌濁。似金得金，剛毅深。」均合五正局，為上相。《靈山秘葉》云：「口上曰髭，口下曰鬚，在頤曰鬍，在平曰髯」。多在不欲叢雜，少在不欲焦萎。本節開篇也說「鬚有多寡，取其與眉相稱」，由此，我們能感到相稱原則的重要性以及地位。

人鬍鬚的多少因人而異。相術認為，鬍鬚的多少與鬚相的好壞沒有因果關係，也

沒有正比例或反比例的關係，而是著重指出：鬍鬚不管多與少，都必和眉毛相稱，也就是眉毛多的話，鬍鬚也要多，眉毛少的話，鬍鬚也要少。只有這樣，才稱得上是佳相。為什麼鬍鬚的多或少，「鬚相」的有成與無成，和眉毛的關係這麼大呢？因為眉毛和鬍鬚對於人來講，屬於同類，都是人體的毛髮，此其一也；鬍鬚和眉毛同位於人的臉部，都是面部的重要組成部分（當然是專指男性），此其二也；第三則是取其水火既濟或水火未濟之義。也就是鬍鬚和眉毛相稱為既濟，不相稱為未濟，既濟是上相，未濟是下相。

多者要「清」，「清」就是清秀、清朗、清雅、清爽，就是不濁、不亂、不俗、不醜。要「疏」，「疏」就是疏落、疏散、疏朗，就是不叢雜、不淤塞。要「縮」，「縮」就是彎曲得當，不直、不硬。要「參差不齊」，就是有長有短，長短配合得當，錯雜有致，不要整齊劃一，截如板刷。這種多而清、疏、縮、參差不齊的鬚相，不論眉毛的多或少，都能和眉毛相稱。若眉毛多，這種鬚相可與之形成一定的反差。若眉毛少，這種鬚相則可從「神」上與之協調一致。因此，作者說，「多者，宜清，宜疏，宜縮，宜參差不齊」。

「少者」要「光」，「光」就是不枯、不澀，就是潤澤、光亮。要「健」，「健」就是不萎、不弱、不寒不薄，就是要剛勁、康健、堅挺。要「圓」，「圓」就是不呆、不滯、不死板，就是要圓潤、生動、飄然。要「有情照顧」，「有情照顧」就是與眉毛、頭髮相稱。

對「多者」和「少者」提出的「四宜」要求，其依據和標準就是相稱原則。眉相的四個條件就是彎長有勢。昂揚有神，疏爽有氣，秀潤有光，其中的彎長、昂揚、疏爽、秀潤是因主體的不同而提出的具體要求和標準。也就是說：眉毛長要「彎長」，眉毛短要「昂揚」，眉毛濃要「疏爽」，眉毛淡要「秀潤」，而「有勢、有神、有氣」。

有光則是對於人類各類主體——也就是各種各樣眉毛的共同要求和通行標準。

「卷如螺紋」，指人的鬚相如同大江大河奔騰之勢，在轉彎或匯合處時激起之漩渦，即象其勢，有此鬚相的人高瞻遠矚，心胸寬大，膽識過人。所以說其人「聰明豁達」。

「長如解索」，是指人的鬚相如同江河之水源遠流長，濤濤起伏。又如破損之繩索身多小曲，即象其形。如此鬚之人愛美好色、風流倜儻卻不淫亂，不亂性，所以說其人「風流顯榮」。

「勁如張戟」，是指鬚相如兩軍對陣時的劍拔弩張之氣勢，有這種鬚相的人有魄力、有膽識、有作為，必能成大器，所以說這樣的人「位高權重」。

「亮若銀條」，是指鬚相如生命初成，生命力旺盛，氣色潤朗，一片生機，即象其氣。這樣的鬚相，主人文秀多才，超凡脫俗，所以說其人「早登廊廟」。

當然，這四種鬚相不一定能決定某人「聰明豁達」、「風流顯榮」、「權重位高」、「早登廊廟」，但至少有一點可以肯定，這四種鬚相都是身體健康的表現，其原因是中國醫學認為鬚相上佳，表明精力充沛。

第六章　聲音

第一節　總論聲音

人之聲音，猶天地之氣
輕清上浮，重濁下墜

【原典】

人之聲音①，猶天地之氣②，輕清上浮，重濁下墜。始於丹田③，發於喉④，轉於舌，辨於齒⑤，出於唇，實與五音⑥相配。取其自成一家，不必一一合調⑦，聞聲相思，其人斯在，寧⑧必⑨一見決⑩英雄哉！

【注釋】

①聲音：人體內的發音器官發出的聲響，指的是產生聲音的全過程。

②氣：這裡指的是陰陽五行之氣。
③丹田：人體肚臍下一寸半到三寸的地方。
④喉：這裡指的是發出聲音的聲帶。
⑤齒：聲音在牙齒之間發生清亮與含糊等的變化。
⑥五音：出自《靈樞．邪客》，指宮、商、角、徵、羽五音。古人把五音與五臟相配：脾應宮，其聲漫而緩；肺應商，其聲促以清；肝應角，其聲呼以長；心應徵，其聲雄以明；腎應羽，其聲沉以細，此為五臟正音。
⑦合調：指的是與五音相符合。
⑧寧：難道。
⑨必：一定。
⑩決：確認，確定。

【譯文】

人的聲音，跟天地之間的陰陽五行之氣一樣，也有清濁之分，清者輕而上揚，濁者重而下墜。聲音起始於丹田，在喉頭發出聲響，至舌頭發生轉化，在牙齒發生清濁之變，最後經由嘴唇發出去，這一切都與宮、商、角、徵、羽五音密切配合。看相識

人的時候，聽人的聲音，要去辨識其獨具一格之處，不一定完全與五音相符合，但是只要聽到聲音就要想到這個人，這樣就會聞其聲而知其人，所以不一定見到其人的廬山真面目才能看出他究竟是個英才還是庸才。

【評述】

生於天地之間，其聲音各有不同，有的洪亮，有的沙啞，有的尖細，有的粗重，有的薄如金屬之音，有的厚重如皮鼓之聲，有的清脆如玉珠落盤字正腔圓。有的人身材矮小，聲音卻非常洪亮，即日常所說的「聲如洪鐘」。有人生得高大魁梧，說起話來卻細聲細氣，有氣無力。古人對這情況加以總結歸納，得出了一規律。

實際上，現代生理學和物理學已經證明，聲音的生理基礎由肺、氣管，喉頭、聲帶，口腔、鼻腔三大部分構成。聲音發生的動力是肺，肺決定氣流量的大小，音量的大小主要由喉頭和聲帶構成的顫動體系決定，音色主要取決於由口腔和鼻腔構成的共鳴器系統。聲音是物體震動激蕩空氣而形成的，聲音是聽覺器官耳的感覺。聲音的音量有大小之分，音色有美異之別，另有音高、音長之分。

人類的聲音，由於人與人之間的健康狀況不同、生存環境不同、先天稟賦不同、後天修養不同等而有很大差異，所以聲音不僅在一定程度上表現著一個人的健康狀況，而且還表現著一個人的文化品格——雅與俗，智與愚，貴與賤（這裡指人格修養），富與貧。

既然如此，那麼聲音便和人的命運（過去和現在的生存狀況，和未來的生存前景）有一定關係。但是如果說聲音能夠決定人的命運，則未免虛妄不實。成功的歌唱家，一般都有苦學苦練的經歷，但是如果天賦不高，單靠苦學苦練是不會成為歌唱家的，所以聲音對人命運的意義不能過分誇大。不少政治上身居高位的大人物，其講話、演說的聲音，實在令人不敢恭維，而其命運卻不能算不佳。

古人歷來非常重視聲音，並認為聲音是相中的一個組成部分，還作了深入的觀察和研究。在五行分配上，古人把聲音分為：

金聲，特點是和潤悅耳；

木聲，特點是高暢響亮；

水聲，特點是時緩時急；

火聲，特點是焦濁暴烈；

土聲，特點是厚實高重。

對聲音與人的命運之間的關係，也有一個很明確的說法。

曾國藩承前人之說，認為人稟天地五行之氣，其聲音也有清濁之分，清者輕而上

揚，濁者重而下沉，由是清者貴，濁者賤，道理說得很明白。

「始於丹田」句，曾國藩認為，聲音中上佳者，應是始發於「丹田」中的。丹田在人身臍下三寸處（古之道家有上丹田、中丹田、下丹田之說，這裡屬其一）。發於丹田的聲音深雄厚重韻致遠響，是腎水充沛的表現。腎水充沛，身體自然健康，能勝福貴，因而主人福貴壽全。同時，這種丹田之氣充沛，丹田之聲洪亮悅耳，易引起共鳴效果，給人很舒服渾厚的感覺。

不好的聲音，則是那種發於喉頭，止於舌齒之間的根基淺薄的聲音。這種聲音氣不足，給人虛弱衰頹之感覺，為腎水不足的表現，主賤主夭。

以人的聲音來判人的命運，是否正確，尚待討論。關於聲音曾國藩又說到，「不必一一合調」，那自是又有不合規律一說了。重要的還在於「聞聲相思」，一個「思」字，說明識人仍不可呆板行事，得視具體情況而定。

【人才智鑑】

李白識別郭子儀

原來李白與郭子儀的結識甚不尋常。有一天，李白在并州地界遊山玩水，忽然碰著一夥軍卒，執戈持棍，押著一輛囚車，車中的囚犯儀容偉岸。李白動了好奇之心，上前一問，原來此人便是郭子儀，當時是陝西節度使哥舒翰麾下的偏將，因奉軍令，查視餘下的兵糧，卻被手下人失火把糧米燒了，罪及其主，法當處斬。當時哥舒翰出巡已在此州地界，因此軍政司把他解赴軍前正法。

郭子儀在囚車中訴說原由，聲如洪鐘，李白回馬，傍著囚車而行，一頭走，一頭慢慢地向郭子儀試問一些軍機、武略、劍術、兵書。郭子儀對答如流，就像碰著個知己一般，越談越投機，越談越高興，神采飛揚。哪裡像個即將赴死的囚徒？李白越聽越奇，心中想道：「我平生所結交的英雄豪傑，不在少數，若說到可以足當國士之稱的，似乎只有此人！」

李白直跟著囚車走到軍前，親自過去見隴西節度使哥舒翰，申述來意，求他寬釋郭子儀之罪，哥舒翰素仰李白大名，趁這機會，賣了他一個人情，許郭子儀在軍前備用，將功贖罪。

別後數年，郭子儀屢建軍功，漸露頭角，做到了九原郡的太守。李白在長安聽到了故人消息，甚為高興。但他不願意誇耀自己的恩德，這件事情，從未向人提過，因此即使是賀知章這樣親密的朋友，也不知道他和郭子儀的這段交情。

第二節　論聲

聲與音不同

聲主「張」，尋發處見

辨聲之法，必辨喜怒哀樂

【原典】

聲與音不同①。聲主「張」，尋發處見；音主「斂」，尋歇處見②。辨聲之法，必辨喜怒哀樂：喜如折竹，怒如陰雷起地，哀如擊薄冰，樂如雪舞風前，大概以「輕清」為上。聲雄者，如鐘則貴，如鑼則賤③；聲雌者，如雉鳴則貴，如蛙鳴則賤④。遠聽聲雄，近聽悠揚，起若乘風，止如拍琴，上上⑤。「大言不張脣，細言不露齒」，上也⑥。出而不返，荒郊牛鳴⑦；急而不達，深夜鼠嚼⑧；或字句相聯，喋喋利口⑨；或齒喉隔斷，喈喈混談：市井之夫，何足比較⑩？

【注釋】

①聲與音不同：古代人在觀人時，常常將「聲」和「音」分開，剛開口發出的叫「聲」，這個時候聲帶振動激烈緊湊；說的動作結束了，聲帶已經停止振動了，聲音

仍然在空中迴響，這種餘音叫做「音」。

②聲主「張」，尋發處見；音主「斂」，尋歇處見：聲主「張」，「張」是張揚，這裡可以理解為聲音有聲源處產生，並向外傳播的狀態和過程。見，即指聽見。斂，聲音離開聲源處向外傳播的過程。歇，這裡的意思是停止。這句話的意思是聲產生於發音器官的啟動之時，可以在發音器官啟動的時候聽到它；音產生於發音器官的閉合之時，可以在發音器官閉合的時候感覺到它。

③聲雄者，如鐘則貴，如鑼則賤：雄，指充滿剛健激越之氣；如鐘則貴，聲音像洪鐘一樣沉雄有力，激越悠遠，充滿陽剛之氣，是貴人之相；如鑼則賤，像破鑼的聲音一樣，輕薄浮泛，散漫焦躁，缺少陰柔之美，這就失去了剛柔的相符相合，是低賤的徵象。

④聲雌者，如雉鳴則貴，如蛙鳴則賤：聲雌，聲音充滿陰柔文秀之氣。雉鳴則貴，雉是野雞，野雞的叫聲清亮悠揚，柔中帶剛。有這種聲音的人是富貴的，高貴的。如蛙鳴則賤，青蛙的叫聲喧囂空洞，聲音嘶啞，令人焦躁。有這種聲音的人是不好的。

⑤遠聽聲雄，近聽悠揚，起若乘風，止如拍琴，上上：近聽悠揚，就是近處聽有雌聲的韻味；起若乘風，聲發出來的時候悠揚清遠，如乘風飛翔一樣令人神清氣爽。

止如拍琴，聲音收斂也就是開始停止的時候，像技藝高超的琴師在彈奏完一曲的時候手指優雅地將琴弦一按那樣輕鬆自如，那樣灑脫。

⑥大言不張唇，細言不露齒，上也：大言不張唇，這是身體健壯、活潑有力的徵象，是好的表徵。細言不露齒，這是精神清爽、文秀幹練的表徵，也是好的表徵。也就是像抽籤一樣抽到了上簽。

⑦出而不返，荒郊牛鳴：出而不返就是說人發出的聲音沒有餘韻，沒有回音；荒郊牛鳴，就是說像荒野中的牛那樣鳴叫。

⑧急而不達，深夜鼠嚼：急而不達，是說人的聲音急切，不暢達；深夜鼠嚼，是說聲音像深夜裡老鼠在咀嚼食物發出的聲音一樣。

⑨或字句相聯，喋喋利口：字句相聯，是指人說話語無倫次，說話前言不搭後語，但又一句接著一句；喋喋利口，說話心急口快，喋喋不休的樣子。

⑩或齒喉隔斷，喈喈混談：齒喉隔斷，是說人的嘴笨，說話很慢，斷斷續續的，而且口齒不清。

【譯文】

聲和音看上去密不可分，其實它們是有區別的，是兩種不同的物質。聲產生於發音器官的啟動之時，可以在發音器官啟動的時候聽到它；音產生於發音器官的閉合之時，可以在發音器官閉合的時候感覺到它。辨識聲相優劣高下的方法很多，但是一定要著重從人情的喜怒哀樂中去細加鑑別。欣喜之聲，宛如翠竹折斷，其情致清脆而悅耳；憤怒之聲，宛如平地一聲雷，其情致豪壯而強烈；悲哀之聲，宛如擊破薄冰，其情致破碎而淒切；歡樂之聲，宛如雪花於疾風刮來之前在空中飛舞，其情致寧靜輕婉。它們都有一個共同的特點——輕揚而清朗，被列入上佳之口。如果是剛健激越的陽剛之聲，那麼，像鐘聲一樣洪亮沉雄，就高貴；像鑼聲一樣輕薄浮泛，就卑賤；如果是溫潤文秀的陰柔之聲，那麼，像雞鳴一樣清朗悠揚，就高貴；像蛙鳴一樣喧囂空洞，就卑賤。遠遠聽去，剛健激越，充滿了陽剛之氣。而近處聽來，卻溫潤悠揚，而充滿了陰柔之致，起的時候如乘風悄動，悅耳愉心，止的時候卻如琴師拍琴，雍容自如，這乃是聲中之最佳者。俗話說：「高聲暢言卻不大張其口，低聲細語牙齒卻含而不露」，這乃是聲中之較佳者。發出之後，散漫虛浮，缺乏餘韻，像荒郊曠野中的孤牛之鳴；急急切切，咯咯吱吱，斷續無節，像夜深人靜的時候老鼠在偷吃東西；說話的時候，一句緊接一句，語無倫次，沒完沒了，而且嘴快氣促；說話的時候，口齒不清，吞吞吐吐，含含糊糊，這幾種說話聲，都屬於市井之人的粗鄙俗陋之聲，有什麼值得跟以上各種聲相比的地方呢？

【評述】

由人的音質和音色來判別人的命運，如能結合人的語言共同斷之，應更全面。語言是思維的結果，由語言可以發現一個人的思維方式之特點，這對一個人行事做法有重要的影響，甚至是決定性的影響。

「聲音」，在現代來講，是一個詞，一般不把它分作「聲」和「音」來講。也有「聲」和「音」的區別，「聲」與「音」各有所指各有側重點，不能一概而論。

「聲」與「音」的區別是：人開口之時發出來的空氣振動產生「聲」，此時空氣受振動的密度大、品質高，發音器官最緊張；閉口之後，餘下來仍在空氣中振動而產生的是「音」，此時空氣振動密度已經減小，發音器官已鬆馳下來，是「聲」傳遞的結果，為「聲」之餘韻，正如平常人們所說的「餘音繞梁」。本節用「聲主『張』，尋發處見；音主『斂』，尋歇處見」這句話來表述這個意思。

《靈山秘葉》中有這麼幾句話：

察其聲氣，而測其度；
視其聲華，而別其質；
聽其聲勢，而觀其力；
考其聲情，而推其徵。

其中的「聲氣」，略同於聲學中的音量，透過「聲氣」粗細，察看人的氣度；「聲勢」相當於聲學中的「音長」，「聲勢」壯者，其力必大；「聲華」相當於聲學中的音質音色，「聲華」質美，則其人性善品高。「聲情」相當於帶感情的聲音。人有喜怒哀樂七情，在語音中必然有所表現，即「如泣如訴，如怨如慕」。因此，由音能辨人之「徵」，即心情狀態。

「辨聲之法，必辨喜怒哀樂。」前面談到，人的喜怒哀樂，必在聲音中表現出來，即使人為地極力掩飾和控制，但都會不由自主地有所流露。因此，透過這種方式來觀察人的內心世界，是比較可行的一種方法。

那麼「喜怒哀樂」又有什麼具體的表現呢？

「喜如折竹」，竹子由於它自身韌脆質地的特點，「折竹」就有譁然之勢，既清脆悅耳，又自然大方，不俗不媚，有雍容之態。

「怒陰雷起地」，陰雷起地之勢，豪壯氣邁，強勁有力，不暴不躁，有容涵大度之態。

「哀如擊薄冰」，薄冰易碎，但破碎之音都不散不亂，也不驚擾人耳，有悲淒不堪擊之像，但不峻不急，有「發乎情，止乎禮」之態。

「樂如雪舞風前」，風飄雪舞，如女子之臨舞池而衣帶飄飄，美不勝情，雪花飛

舞之時輕而不狂不野，柔美而不淫不蕩，具有輕靈飄逸的瀟灑之態。

鐘響與鑼鳴，都屬於雄聲，即陽剛之聲，聲音粗壯，氣勢宏大。然而「鐘」聲宏亮沉雄，遠響四方，餘韻不絕，悅耳愉心，所以為「貴」；而「鑼」聲聲裂音薄，荒漫沙嘶，餘韻了無，刺耳扎心，所以為「賤」。

雉鳴與蛙鳴，都屬於雌聲，即陰柔之聲，聲音輕細，如曠野聞笛。然而「雉」聲清越悠長，聲隨氣動，有頓有挫，抑抑揚揚，同樣悅耳動聽，所以為「貴」；而「蛙」聲則聒聒噪噪，喧囂嚎叫，聲氣爭出，外強內竭，同樣刺耳扎心，所以為「賤」。

從上可知，無論雄聲還是雌聲，都有貴賤之分。有的相書以雄聲為貴，而以雌聲為賤，有籠統不細，不分清濁精細之嫌，實為大謬。

「遠聽聲雄」，是說其聲有山谷之呼應，表明其必氣魄雄偉，性情豪放；「近聽悠揚」，是說其聲如笙管之婉轉，表明其人必多才多藝，智慧超群；「起若乘風」，是說其聲有如雄鷹之翱翔，表明其人必神采飛揚，功名大就；「止如拍琴」，是說其聲如孔雀之典雅，表明其人必閒雅沖淡，雍容自如。——以上皆為「聲」之最佳者，所以被作者定為「上上」。

「大言不張唇」（嚴格地說，這是不可能的，應該是「大言卻不大張唇」）是謹慎穩重，學識深厚，養之有素的表現；「細言若無齒」，表明其必溫文爾雅、精爽簡當成熟幹練，此類以上為「聲」之佳者，所以被曾國藩定為「上」。

荒郊曠野，一牛孤鳴，沉悶散漫，有聲無韻，粗魯愚妄之人，其「聲」大抵如此；覆深人靜，群鼠偷食，聲急口利，咯咯吱吱，尖頭小臉之人，其「聲」與此相似。至於「字句相聯，喋喋利口」，足見其語無倫，聲無抑揚，其人必幼稚淺薄，無所作為；「齒喉隔斷，喈喈混談」，足見其吞吞吐吐，不知所云，其人必怯懦軟弱，一事無成。，此類「聲」相，當然屬於下等，所以作者才不屑一顧地說：「何足比較！」

曾國藩以應舉發跡，文人氣很濃厚，深愛治學，不但勉勵親人要孜孜不倦地學習，他自己也是清後期湘派文學的代表，著述論學，都有較大成就，所編《十八家詩抄》與五代的蕭統所編的《文選》一前一後，遙相呼應，都是古代文字整理彙編優秀的表率。其文學才華由此可見一斑。

古有《論聲》篇云：夫人之有聲，如鐘鼓之響，器大則聲宏，器小則聲短。神清則氣和，氣和則聲潤。深重而圓暢也。神濁則氣促，氣促則聲焦急而輕嘶。故貴人之聲，多出於丹田之中，與心氣相通，混然而外達。丹田者，聲之根也；舌端者，聲之表也。夫根深則表重，根淺則表輕，是知聲發於根，而見如表也。若夫清而圓，堅而

亮，緩而烈，急而和，長而有力，勇而有節。大如洪鐘騰韻，龜鼓振音；小如玉水飛鳴，翠弦奏曲。見其色則猝然而後動，與其言久而後應，皆貴人之相也。

小人之言，皆發於舌端之上，促急而不迭。何則？急而躁，緩而澀，深而滯，淺而燥。火大則散，散則破，或輕重不均，嘹亮無節，或睚眥而暴，繁亂而浮；或如破鐘之響，敗鼓之鳴；又如寒鴉哺雛，鵝鴨哽咽；或如病猿求侶，孤雁失群；細如蚯蚓發吟，狂如青龜夜噪；如犬之吠，如羊之鳴，皆淺薄之相也。男有女聲單貧賤，女有男聲亦妨害。然身大而聲小者凶，或乾暴而不齊者謂之羅網，聲大小不均，謂之雌雄。聲或先遲而後急，或先急而後遲，或聲來止而氣先絕，或心未舉而色先變，皆賤之相也。無神定於內，氣和於外，然後可以接物，非難言有先後之敘，而辭色亦不變也。苟神不安而氣不合，則其聲先後之敘，辭色撓黜此不美之相也。夫人稟五行之殂，則氣色亦其五行象也。故土聲深厚，而木聲高唱，火聲焦烈，水聲緩急，而金聲和潤。又曰聲輕者斷事無能，聲破者作事無成，聲濁者謀遠不發，聲低者魯鈍無文。清冷如澗中流水者極貴，發音溜亮，自覺如甕中之響聲，主五福備。

詩曰：

木聲高溫火聲焦，
和潤金聲最富饒。

言語卻如深甕裡，
水聲圓息韻飄飄。
貴人聲音出丹田。
氣質喉寬響亦堅。
貧賤不離唇舌上，
一生奔走不堪言。

聲大無形托氣而發，賤者浮濁，貴者清越。太柔則怯，太剛則折。隔山相聞，圓長不缺，斯乃貴人遠見風節。身小聲雄，位至三公。身大聲小，壽命折夭。聲如破鑼，田產消磨。聲如火燥，奔波無靠。男兒聲雌，破卻家，女人聲雄，夫位不寧。

《太清神鑑》認為人有聲猶鐘鼓之響，若大則聲洪，若小則聲短。神清氣和，則聲溫潤而圓暢也。神濁氣促，則聲焦急而輕嘶也。

故貴人之聲出於丹田之內，與心氣和通，汪洋而外達，何則？丹田者，聲之根也。心氣者，聲之端也。舌端者，聲之表也。夫根深則表重，根淺則表輕。

若夫貴人之聲，則清而圓，堅而亮，緩而烈，急而和，長而有力有威。若音大如洪鐘發響，音小似寒泉飛韻，接其語則粹然而後動，與之言則悠然而後應。是聲之善者，遠而不斷，淺而能清，深而能藏，大而不濁，小而能新，餘響激烈，笙簧宛轉流

行，能圓能方，如斯之相，並主福祿長年。

若夫小人之聲，發於舌端，喘急促而不遠，不離唇上，紊雜而斷續，急而又嘶，緩而又澀，深而帶滯，淺而帶躁，或大而散，或如破鼓之聲。或如寒雞哺雛，或似孤雁失群，細如蚯蚓發吟，大似寒蟬晚噪。雄者如犬嚶吠，雌者似單雁孤鳴。如斯之聲，皆為淺薄之相也。或男作女聲細者，一世孤窮；女作男聲暴者，一世妨害。

古人認為，人既然有五行之分，聲音也有五行之別。《照膽經》指出：

金聲：韻長清音響，遠聞完潤則貴，破則賤。

木聲：韻暢條達，初全終散，沉重則貴。輕剝賤。

火聲：韻清冽條暢不濡，圓潤而慢則貴，焦破而急則賤。

水聲：韻清響急長，細則貴，重濁則賤。

土聲：韻厚重，源長響亮，遠聞則貴，近細則賤。

關於聲音和人的性格、命運的關係，總結如下：

雌雄聲：大小不均，主下賤；

羅網聲：乾暴不齊，主貧賤；

聲音太輕：主斷事無能；

聲音如破：主作事無成；

聲音昏濁：主謀運不佳；
聲音太低：主魯鈍無如；
聲音太柔：主性格怯懦；
聲音太剛：主早夭少壽；
聲小身太：主凶而早夭；
聲雄身小：主位至三公；
聲如破鑼：主家業難立，田產消盡；
聲如火燥：主一生奔波無靠；
男人女聲：主性格輕浮，家資破盡；
女人男聲：主性格缺乏女性的溫柔，剋妨丈夫；
聲音清冷如澗中流水：主大貴；
聲音響亮如甕中之響：五福俱備。

張揚之人，外向健談，言語無忌，神情誇張，性格霸道，喜怒皆形於色，遇事則易衝動。內斂之人，舉止穩妥，內向寡言，思在行之前，言必果之後，喜韜光養晦，擅以靜制動。尺有所短，寸有所長，張揚內斂，難分優劣，於事業之成功皆喜憂參半，均需要他人的賞識與長期的表現，最好則是既不張揚，亦不內斂，既有鋒芒，又

有涵養。

【人才智鑑】

個性張揚的子路和內斂的公西華

《論語》記載，一天，子路、曾皙、冉有、公西華陪著孔子聊天。

孔子說：「別乾坐著呀！大家不是整天喊著懷才不遇嗎？今天給你們個發牢騷的機會，讓我聽聽你們都有什麼樣的才能和抱負吧！」

子路不假思索，率先說道：「一個腹背受敵、內憂外患的國家，讓我去治理，不出三年，保證人人驍勇善戰，個個道德高尚。」

孔子對這樣的回答很不以為然，「哂之」。曾皙問他為什麼笑子路。

孔子說：「自己尚且如此張狂，怎麼能讓國民知書達理呢？他要是能謙虛點，就是個人才了。」

可見，太過張揚的個性，往往不能給人以信任的感覺，但有衝勁還是值得肯定的。

孔子的另一位弟子公西華謙恭地回答：「我不敢說我已經在您這兒學到了治國的本領。可是，如果有機會讓我去試試的話，我就做一名專司祭祀儀式的小小司儀吧！

規規矩矩地做點力所能及的事，我也就很知足了。」

孔子感慨道：「如果像你這樣嚴謹細緻的人也只能做個小司儀，那還有誰能做得了大司儀呢！」言下之意，對公西華內斂的個性還是十分期許的。

第三節　論音

音者，聲之餘

貧賤者有聲無音

尖巧者有音無聲

開談多含情，話終有餘響

【原典】

音①者，聲之餘也，與聲相去不遠②，此則從細曲中見直③。貧賤者④有聲無音，尖巧者⑤有音無聲，所謂「禽無聲，獸無音⑥」是也。凡⑦人說話，是聲散在前後左右者是也。開談多含情，話終有餘響，不唯雅人，兼稱國士；口闊無溢出⑧，舌尖無窕音⑨，不唯實厚，兼獲名高。

【注釋】

①音：這裡指的是聲的餘韻。

②相去：相比較，相對比。不遠：意思是差別不大。

③從細曲中見直：從細微的地方去分辨聲與音的不同。

④貧賤者：貧窮卑賤的人，這裡也指缺少自信、沒有勇氣、做事猶豫不決的人。

⑤尖巧者：世故圓滑、善於偽裝自己的人，阿諛奉承別人的小人。這種人八面玲瓏，善於見風使舵，做事小心，說話慢聲細語。

⑥禽無聲，獸無音：指鳥禽發出的聲音婉轉呢喃，屬於無聲的一類。猛獸聲音粗放高昂，屬於無音的一類。

⑦凡：大凡，一般情況下。

⑧口闊無溢出：口闊，嘴唇厚且方。溢出，指的是這樣的人還沒有說話，氣就先出去了，講話粗聲大氣。

⑨舌尖：這裡的意思是說話流利自然。窕：這裡是通假字，通「佻」，輕佻，意思是輕浮不嚴肅。

【譯文】

音，是聲的餘波或餘韻。音跟聲相去並不遠，它們之間的差異從細微的地方還是可以聽出來的。貧窮卑賤的人說話只有聲而無音，顯得粗野不文，圓滑尖巧的人說話則只有音而無聲，顯得虛飾做作，俗話所謂的「鳥鳴無聲，獸叫無音」，說的就是這種情形。普通人說話，只不過是一種聲響散佈在空中而已，並無音可言。如果說話的時候，一開口就情動於中，而聲中飽含著情，到話說完了尚自餘音嫋嫋，不絕於耳，則不僅可以說是溫文爾雅的人，而且可以稱得上是社會名流。如果說話的時候，即使口闊嘴大，卻聲未發而氣先出，即使口齒伶俐，卻又不矯造輕佻。這不僅表明其人自身內在素養深厚，而且預示其人還會獲得盛名隆譽。

【評述】

要我們來區分聲與音，如果不是先存有了這個概念，實在是玄之又玄的事情。音是聲的餘響，只要細細去區分，仍然可以找到細微的差別。猶如一口大鐘，用木棒敲擊，這時發出的響動是聲；嗡嗡作響，在空中傳播的是音。完好無損時與稍有裂口時的聲音有差別，裂紋越小，差別越小。兩種質地不一樣的鐘，聲音也有差別。由聲音來識別人物的心性能力，異曲同工，只因其中不可確定因素太多，因此能掌握其中真

諦的人更是少之又少。

貧賤者有聲無音，尖巧者有音無聲。這個論斷正確與否，值得推敲。有聲無音，即是講氣息衝擊聲帶，發出聲音，但沒在空中形成餘響，是枯澀單調的聲音，沒有渾響效果。有音無聲，指氣息衝擊聲帶，卻沒發出聲音，僅在空中形成餘響。這從物理學現象上是講不通的。

因此說，僅憑聲音的高低悅啞，不與語氣、語勢、講話內容相結合，是不能夠正確鑑別人才的。聲音只是一個參數，必須結合在感情和話語內容之中，才好判斷人才性情。

禽無聲，獸無音，以動物作類比，補充說明有聲無音者貧賤，有音無聲者尖巧。從事理來看，陽春三月，草長鶯飛，百鳥爭鳴，鶯語間關，燕聲呢喃，春雨婉柔，增天地美色。百鳥齊鳴，嚶嚶畹畹，啁啁啾啾，這是悅耳動聽的聲音，但對行事立功的人來講，總覺得綿曼之氣有餘，雄壯之氣不足，是謂有音無聲的緣故。而荒山曠野，大漠草原，朔風勁草，叢林萬千，獅吼狼嚎，野獸出沒，森氣瀰漫，驚駭突兀，雖然豪氣干雲，威猛肅殺，但是剛猛有餘，曲折婉轉之意不足，這是獸無音的緣故。用在人身上，有音無聲的傲氣不足、骨氣不足、剛氣不足，因此多為貧賤所困；有聲無音的婉轉不足、柔情不足、血性不足，因此多屬尖巧無情殘忍之輩。

人在講話的時候，聲音隨空氣振盪而四方傳播，彌散在前後左右，以正前方為訊息發射源。開談若含情，話終多餘響，這種話語談勢，是高人國士的風範。怎麼講呢？人以情為主，凡事多能兼顧情理，又不違事理，這種處世原則是一種標準，能兩兼其美的人當然得到大家的稱讚和擁護。這種人的話，極具有感染力。講話完畢，餘音繞梁，盪氣迴腸，聽者心搖神馳。有如此號召力的人，當然稱得上高人國士。希特勒與邱吉爾可謂這方面的典範。希特勒在第一次世界大戰之後，偶爾發現自己的聲音是一種能感染人的工具，因此開始了發瘋似的政治煽動。邱吉爾彷彿是上帝派下來專門對付希特勒的，是他遏制住了希特勒的腳步，是他的聲音，鼓舞英國人民度過了最黑暗的一段日子，使英倫三島始終高高飄揚著英國的米字旗。

口闊無溢處，口寬闊，但在講話時，並不漏風，先有聲，後傳音，聲氣相投，不散不亂，這是修養深厚人的講話狀態；反之則是粗聲大氣，粗俗不堪，難登大雅之堂。從江湖中衝戰出來的英雄豪傑，雖然身上粗野氣很重，但他們英雄氣概占了主導，雖有草莽氣，但仍不失英雄本色。話又說回來，這種草莽江湖氣，會在事業一步步的拓展之中，隨著接觸人物種類的增多，交際面的擴大，漸漸收斂，使雄才身上多了英氣，英才身上染有雄氣，如此方可稱天下英雄。劉邦是如此，趙匡胤是如此，朱元璋也是如此。像水泊梁山，草莽氣太重，沒能隨事業的拓展在文治上下工夫，又一

心想著招安，最終不成氣候。

舌尖無窕音，雖激情昂揚，但不是口沫橫飛，雖流利靈巧，但不輕浮張狂，這種人不但才智敏捷，聰慧過人，而且修養務實，厚重端莊，不但事業有成，而且可以獲得很好的名聲。

開談多含情，話終有餘響，口闊無溢處，舌尖無窕者。簡言之，就是聲含感情，音抱餘響，是國士高人的風範；雅量充沛，而不粗俗，為天下楷模。

第七章　論氣色

第一節　總論氣色

面部如命
氣色如運
大命固宜整齊
小運亦當亨泰

【原典】

面部如命①，氣色如運②。大命固宜整齊③，小運亦當亨泰④。是故光焰不發，珠玉與瓦礫同觀⑤；藻繪未揚，明光與布葛齊價。大者⑥主一生禍福，小者⑦亦三月吉凶。

【注釋】

①命：指的是人一生中重大的遭遇——貴賤、貧富、長壽短壽等不可更改的走向或基本情況。

②運：是指人在某個時間段的具體遭遇。

③整齊：不可改變，均衡，意思是先天的命與後天的遭遇基本是吻合的。古人認為，一個人先天過盛則夭，後天過盛則庸，兩者應該相均衡。

④亨泰：意思是順暢。人的氣色應該順暢，不應該枯澀晦滯，不然，枯則可以縮短人的壽命，晦則可以損傷人的元氣。

⑤是故：所以。同觀：看似沒有什麼區別，因為珍珠美玉沒有發光。這裡比喻的是人的氣色。

⑥大者：指人的命。

⑦小者：指人的運氣。

【譯文】

如果說面部象徵並表現著人的大命，那麼氣色則象徵並表現著人的小運。大命是由先天生成的，但仍應該與後天遭遇保持均衡，小運也應該一直保持順利。所以如果

光輝不能煥發出來，即使是珍珠和寶玉，也和碎磚爛瓦沒有什麼兩樣；如果色彩不能呈現出來，即使是綾羅和綿繡，也和粗布糙葛沒有什麼兩樣。大命能夠決定一個人一生的禍福，小運也能夠決定一個人幾個月的吉凶。

【評述】

古人認為，人稟氣而生，「氣」有清濁、昏明、賢鄙之分，人有壽夭、善惡、貧富、貴賤、尊卑的不同，這些由「氣」能反映出來。氣運生化，人就有各種不同的命運和造化。

「氣」旺，則生命力強盛；「氣」衰則生命力衰弱。生命力旺盛與否，與他日常行事的成敗有密切聯繫，生命力不強，很難夜以繼日頑強地與困難作搏鬥，自然難以成功。生命力旺盛，則能長期充滿活力、精神煥發，是戰勝困難，取得成功的必要條件。但是「氣」的旺衰，與人之好動好靜並不一樣。好靜好動與性格有關，與「氣」則無直接聯繫。同時應注意，有的人「氣」躁，其人好動，「氣」沉，其人好靜，那人「氣」與這裡所講的「氣」不是一回事，應區分。

「色」，就人體而言，指膚色，或黑或白，且有無光澤。古人認為，「色」與「氣」的關係是流與源的關係，「色」來源於「氣」，是「氣」的外在表現形式，

「氣」是「色」之根本，「氣」盛則「色」佳，「氣」衰則色悴。如果「氣」有什麼變化，「色」也隨之變化。古人合稱為「氣色」。大家知道，人生病，其「氣色」不佳，這就是「氣色」的一種表現。

「大命固宜整齊」，意指人的智慧福澤應當比例均衡，不宜失調。如果失調，不平衡，則智者往往早夭，福者往往庸愚，這種狀態自然談不上好命。「小運亦當亨泰」，亨泰，在《周易》中元亨利貞之說，泰有「天交地奉」之名，亨泰就是吉利順暢之義，意思是說小運流年如應順和通泰，方才是好。如果小運偏枯晦滯，也易早夭，或元氣不足，難當福貴。猶如有錢卻不會花之人，守著巨大財富，卻享受不到人生富足的樂趣。

現實生活中確有這種情形，聰慧者早夭，多福者平庸。唐代詩人王勃在七歲即寫出膾炙人口的小詩「鵝，鵝，鵝，曲項向天歌，白毛浮綠水，紅掌撥清波」。到臨死前數月，在滕王閣上所作的《滕王閣序》中說「時運不濟，命途多舛」，而他死時才二十七歲，如能「大命整齊」，「小運亨泰」，則可福壽雙全，名聲高重了。

氣色旺，自然有光澤閃爍。上文中用兩個比喻來說明這個問題。珠玉自比瓦礫珍貴百倍，因為它有閃爍悅目之光焰，如果失去了美麗的光澤，與瓦礫還有多少區別呢？絲綢綿織，如果失去它明豔光滑的色澤，與平常的葛布又有多少區別呢？人之氣

色旺，則有光澤。失去光澤，還能說氣色旺嗎？

「氣色」對人之命運有非常重要的影響，從大處說，可推測一生的福祉；從小處講，也能主人三、五個月的吉凶。大處者，是與生俱來，不會輕易變化的；小處者，是臨時而發，隨時而變，或明或暗，變動不居的。因此，作者說：「大者主一生禍福，小者亦三月吉凶。」

古人認為，「氣」為「至精之寶」，與人的健康狀況和命運的蹇滯順暢息息相關，由「氣」能知人命運；「氣」又有人心人性的指示作用，由人之「氣」能看出人的性格優劣和品德高下，即「氣乃形之本，察之見賢愚。」

對此，《論氣》篇有如下論述：

夫石蘊玉而山輝，沙裡懷金而川媚，此至精之寶，見乎色而發乎氣也。夫形者質也，氣所以充乎質，質因氣而宏，神完則氣寬，神安則氣靜。得失不足以辱其氣，喜怒不足以驚其神、則於德為有容，於量為有度，乃重厚有福之人。形猶林有把杞梓楠荊棘之器，神猶土所以治材用其器。聲猶器，聽其聲然後知其器之美惡；氣猶馬，馳之以道善惡之境。君子則善養其材，善御其德，又善治其器，善御其馬；小人反是。其氣寬可以容物，和可接物，剛可以制物，清可以表物，正可以理物。不寬則溢，不和則戾，不剛則懦，不清則濁，不正則偏。視其氣之淺深，察其色之躁靜，則君子小人辨矣。氣長而舒和而又不暴，為福壽之人；急促不均暴然見於色者，為下賤之人也。醫經以一呼為一息，凡人一晝夜計一萬三千五百息。今觀人之呼吸，疾徐不同，或急者十息，遲者則尚未七八，而老肥者疾，幼瘦者遲，故恐古人之言猶未盡理。夫氣呼吸發乎顏表，而為吉凶之兆也，其散如毛髮，其聚如黍米，望之有形，按之無跡，苟不精意以觀之，則禍福無憑也。氣出於無聲，耳不自察，或臥而不喘者，謂之龜息。氣，象也，呼吸氣盈而身動，近死之兆也。孟子不顧萬鐘之祿，能養氣也。爭可欲之利。悻悻然厲其色而暴其氣者何論哉！

古人認為，好的面色是：面相有威嚴，意志堅強，富有魄力，處事果斷，無私正直，嫉惡如仇；禿髮謝頂，善於理財，有掌管錢物的能力；觀顴高聳圓重，面目威嚴，有權有勢，眾人依順；顴高鼻豐並與下巴相稱，中年到老年享福不斷；顴隆鼻高，臉頤豐腴，晚年更為富足；顴骨高聳，眼長而印堂豐滿，臉相威嚴，貴享八方朝貢。

識面認為不好的臉色是：顴高而頤瘦，做事難成，晚年孤獨清苦。顴高而鬢髮疏稀，老來孤獨；顴高鼻陷，做事多成亦多敗。薄臉皮的人常常會被誤認為高傲，或者低能。這些誤解更增加了薄臉皮者在人際交往中的困難。因此，他們在處理問題時常常不敢大膽行事，寧願選擇消極應付的辦法。他們對工作往往但求無過，不求有功，

怕擔風險。然而，臉皮薄的人並非一無是處。一般說來，臉皮薄者為人倒是比較堅定可靠的。他們是好部下，好朋友，在特定的狹小範圍內，還可以充任好骨幹。

人手、面上的色有主次之分。主色指先天之色、自然之色。物理學發展後，經光譜分析測定和三棱鏡分色，太陽光由七種單色構成：紅、橙、黃、綠、藍、青、紫。中國古人，則根據五行原理，色被劃分為五種，即金為白色、木為青色、水為黑色、土為黃色、火為紅色，這源於金、木、水、火、土五物的性狀。木旺於春天，因此木為青色；火旺於夏天，因此火為紅色；金旺於秋天，因此金為白色；土旺於四季季末，為黃色，這些都能找到一些物理上的根據。而水旺於冬季，屬黑色，即便是五行與四季的相配關係，水的屬性也讓人不解，超過了人們的常識。雨水在夏天最多，古人認為水旺於冬天，大概因為冬天結水為冰的緣故，還因為木旺於春天，而水能生木，木生長旺盛，是吸收水分的緣故，因此水旺在冬天，衰減在春天。

金為白色，木為青色，火為紅色，土為黃色，水為黑色，這是主色，也是最基本的色，在這個基礎上生成其他顏色（與紅、黃、藍三原色理論有出入，但用在這裡無妨）。主色不會輕易改變。

氣色，指後天變化之色，隨時間而變化，四季、喜怒、早晚都有不同的表現。這可以解釋一種人生現象：有的人在夏天氣色很糟，但到了冬天，金冷水寒的時候，氣色卻好轉了；有的人恰恰相反。可以作這樣一種解釋：夏天氣候炎熱，心情浮躁，血氣不暢，因此氣色不佳；到冬天，氣候宜人了，因此氣色順暢而佳。古希臘哲學家德謨克利特，有一則關於他觀氣色的佳話。某一天，德謨克利特在街上偶然遇見一位熟識的小姐，於是德謨克利特便和她打了招呼：「小姐你好！」第二天德謨克利特再一次碰到與頭一天同樣打扮的那位小姐時，卻這樣打了個招呼：「太太，你好！」一夜之間，小姐變成了太太，這種變化竟然被德謨克利特一語道破。那麼，德謨克利特是如何看穿那位小姐一夜之間的事情呢？這是他仔細觀察那位小姐的氣色，再細說一點是觀察小姐主色與客色微妙的變化，再加上眼睛活動，走路姿態等一系列舉止的結果。

人講究趨吉避凶，吉色代表吉祥順利，凶色兆示兇險惡禍。有時聽人講，某人滿臉黑色，多半在走楣運。這個黑色，不是五行上的黑色（合於五行的黑色是正色，吉色），而是凶色。

從氣數上來鑑別人才，在於從宏觀上考察一個人的才能品德與平生際遇的關係。這裡不妨先討論一下人們常講的「有才能」與「運氣好」的關係。

有才有德的人，可以依靠自身的努力和奮鬥，一點一點地積累經驗，一步一步地走向成功。但他究竟能成功到什麼程度呢？這就不僅僅與能力、品德相關了，也要考

慮到他所處的環境和時代因素。比如周瑜，也是一個了不起的英才，可惜有比他更智慧的諸葛亮擋在他前面，使他黯然失色。如果時空隧道將周瑜換置到沒有諸葛亮這種天才人物的時代中去，他會不會有光芒四射、耀照千古的成就呢？這是一個值得再研究的問題，答案：也許會，也許不會。為什麼如此呢？還是因為時機與環境。這就要看周瑜的氣數如何了。換句話講，「氣數」一詞也包含了時機與環境因素，還有他個人自身的性格、生命力等多種因素。

如果把人的才比作命，時機比作運，那麼命運之說就帶有現代色彩了，至少宿命論色彩就不再顯得那麼濃厚。才能可以逐漸提高，因此命可以自己掌握和控制，但時機與環境卻不能任由自己選擇，因此運是由外不由己的。如此一來，即可理解，命運相濟，一個人才可以取得絕對成功的道理了。那種才能不是很高，但卻處在歷史浪峰上的人物，也是可以找到現實根據的，因為他處在了一個特殊的時機和環境中，或許他自己不願意上去，但趕鴨子上架，環境把他推了上去。

那麼才能與時機誰主誰次呢？人還是可以自己去創造機會的。從歷史的宏觀角度看，小環境、小機遇，個人可以創造和爭取，但大環境、大機運則非個人力量所能為了。就像管仲一樣，跟著公子小白，並沒有什麼政績；到齊桓公那裡，國家安定了，他的治政才能發揮到極致而名傳千古。有懷才不遇者，除不得明主之外，也感歎「時不利兮騅不逝」。

曾國藩指出，人類對事物的一般認識過程是：先是接受了外界事物，然後心裡有了印象，接著發出聲音加以評論，最後才表現為人的外表反應。所以我們可以說從貌知其音，再知其心氣，最後看清他的內心世界。我們從以下方面可作一些參考。

(1)一個心質誠仁的人，必定會展現出溫柔隨和的貌色。

(2)一個心質誠勇的人，必定會展示出嚴肅莊重的貌色。

(3)一個心質誠智的人，必定會展示出明智清楚的貌色。

在面部的五官中，眼睛是監察官，這大概是因為它「明察秋毫」。人要傳出的訊息，也有一部分是透過眼睛傳出，尤其是情感方面的內容。人的精神氣質，喜怒哀樂，很大程度上是由眼睛所顯示出來的，俗話說，炯炯有神、眉目傳情、暗送秋波、眼睛是心靈的窗戶，都是這個意思。同時，眼睛又是人身體健康狀況的顯示幕。眼睛黑白分明，神氣清爽，是健康之象；灰暗渾濁、枯澀呆滯，是不健康之象；顧盼無光、昏花恍惚，是衰弱之象。正因為眼睛對於面孔如此的重要，所以說「目者面之淵，不深則不清」，淵要深才清，清才美。目也應該深，從而至清並至美，否則，便不會清，也不會美。值得注意的是，這裡的深指的是眼神深邃不露，而不是眼眶陷或眼窩深，而所謂「清」則是指整個面相的神色要清秀爽朗。

【人才智鑑】

孫權、劉備、曹操的失誤

三國時，東吳的國君孫權號稱是善識人才的明君，但卻曾「相馬失於瘦，遂遺千里足」。周瑜死後，魯肅向孫權力薦龐統。孫權聽後先是大喜，但見面後卻心中不悅。因為龐統生得濃眉掀鼻、黑面短髯、形容古怪，加之龐統不推崇孫權一向器重的周瑜，孫權便錯誤地認為龐統只不過是一介狂士，沒什麼大用。於是，魯肅提醒孫權，龐統在赤壁大戰時曾獻連環計，立下奇功，以期許說服孫權，而孫權卻固執己見，最終把龐統從江南逼走。魯肅見事已至此，轉而把龐統推薦給劉備。

誰知，愛才心切的劉備，也犯了同樣的錯誤。他見龐統相貌醜陋，心中也不高興，只讓他當了個小小的縣令。有匡世之才的龐統，只因相貌長得不俊，竟然幾處遭到冷落，報國無門，不得重用。後來，還是張飛瞭解了他的真才後極力舉薦，劉備才委以副軍師的職務。

一向慧眼識珠的曹操，也有以貌取人的錯舉。益州張松過目不忘，乃天下奇才，只是生得額钁頭尖，鼻偃齒露，身短不滿五尺。當張松暗攜西川四十一州地圖，千里迢迢來到許昌打算進獻給曹操時，曹操見張松「人物猥瑣」，從而產生厭煩之感；加之張松言詞激烈，揭了自己的短處，便將張松趕出許昌。劉備乘機而入，爭取到了張松，從而取得了進取西川軍事上的優勢。如果曹操不是以貌取人，而是禮待張松，充分發揮其才識，那樣恐怕會是另一種結果。

第二節　人以氣為主

人以氣為主
於內為精神
於外為氣色
有終身之氣色

【原典】

人以氣為主①，於內為精神，於外為氣色②。有終身之氣色，「少淡③、長明④、壯豔⑤、老素⑥」是也。有一年之氣色，「春青、夏紅、秋黃、冬白」是也。有一月之氣色，「朔後森發，望後隱躍⑦」是也。有一日之氣色，「早青、晝滿、晚停、暮靜⑧」是也。

【注釋】

①主：主宰，指的是氣決定人的一切。

②於內為精神，於外為氣色：意思是氣表現在內是指人的精神，表現在外是指人的氣色。

③少：年少的時候。淡：指人的氣色純清明薄。

④長：青年時期。明：人的氣色光而潔。

⑤壯：壯年時期。豔：氣色豐美吸引人。

⑥老：老年時期，暮年時期。素：安詳恬靜。

⑦朔後森發，望後隱躍：朔，陰曆每個月的第一天叫朔日。森發，意思是像森林裡的樹葉那個樣子產生發出。望後，每個月的十五日叫望；望後，意思即為十五日以後的日子。隱躍，這裡的「躍」通「約」，意思是隱隱約約，若有若無。

⑧早青、晝滿、晚停、暮靜：早青，氣色初發。早晨起來，人的精神最好。晝滿：意思是白天人的精神充沛，氣色好。晚停：晚，是指傍晚，而不是晚上。傍晚氣色就減少了，人就會變得沒有精神了。暮靜：暮，是指夜間。夜間人的精神就變得更差了，人的氣色也變得不好了。

【譯文】

氣是一個人自身生存和發展的主要之神，在人體內部表現為人的精神，在人體表面表現為人的氣色。氣色有多種形態：其中有貫穿人一生的氣色，這就是俗話說的「少年時期氣色為淡，所謂的淡，就是氣稚色薄；青年時期氣色為明，所謂的明，就是氣勃色明；壯年時期氣色為豔，所謂的豔，就是氣豐色豔；老年時期氣色為素，所謂的素，就是氣實色樸，就是這種氣色。有貫穿一年的氣色，這就是俗話說的「春季氣色為青色——木色、春色；夏季氣色為紅色——火色、夏色；秋季氣色為黃色——土色、秋色；冬季氣色為白色——金色、冬色。」就是這種氣色。有貫穿一月的氣色，這就是俗話說的「每月初一日之後如枝葉盛發，十五日之後則若隱若現」，就是這種氣色。有貫穿一天的氣色，這就是俗話說的「早晨開始復蘇，白天充盈飽滿，傍晚漸趨隱伏，夜間安寧平靜」，就是這種氣色。

【評述】

人以氣為主，氣在內為精神，在外為氣色，把氣與色看作表裡性的概念。「人以氣為主」，是說「氣」對人非常重要，處在主宰、根本的地位。「於內為精神，於外為氣色」，是說「氣」有內外兩種存在形式，內在形式是「精神」，外在

形式為「氣色」。換句話說，觀察「氣」，既要觀察內在的「精神」，又要觀察外在的「氣色」。

「氣」和「色」是中國古代哲學獨有的概念。「氣」，既是指生命體內流轉不息的綜合性物質，又是指生命的原動力，或稱生命力。它無形無質、無色無味，也是一種實實在在的客觀存在，在體內如血液一樣流動不息，氣旺者可外現，能為人所見。而「色」，則是「氣」的外在表現形式之一。它是顯現於人體表面的東西，就人體而言，就是膚色。人們日常說某人印堂發黑，有不順之事，就是指色而言。古人常把「氣」和「色」這兩個哲學概念拿來判斷人的優劣。中醫學更是認為，「氣」與「色」密不可分，「氣」為「色」之根，「色」為「氣」之苗，「色」表現著「氣」，「氣」決定著「色」。「氣」又分為兩種，一為先天所稟之「氣」，一為後天所養之「氣」。即孟子所說的「吾善養吾浩然之氣」。「氣」概如此，「色」自然也有先天所稟之「色」與後天所養之「色」的區別。「氣色」既有後天所養者，它們一定是在不斷運動變化的，所以又有「行年氣色」之說。「生命在於運動」，也說明這個道理。

漢代劉劭就把「氣」和「色」分開來識別人才。

他認為，「躁靜之決在於氣」。即透過一個人的「氣」的觀察，可以看出他是好動型的或是好靜型的，因為氣之盛虛是一個人性格的表現，氣盛者則其人好動，氣虛者則其人好靜。

透過對一個人聲音的識辨，也可以識人：「夫容之動作，發乎心氣，心氣之徵，則聲變是也。夫氣合成聲，聲應律呂：有和平之聲，有清暢之聲，有回衍之聲」。其意思說，外表的動作，是出於人的心氣。心氣的象徵又合於聲音的變化。氣流之動成為聲音，聲音又合乎音律。有和平之音，有清暢之音，有回衍之音。

在論以「色」觀人時，他說：「慘懌之情在於色」。即透過對一個人「色」的觀察，可「看出他情感的表現。因色是情緒的表徵，色悅者則其情歡，色沮者則其情悲。」

色，主要是指人的面色：「夫聲暢於氣，則實存貎色；故誠仁，必有溫柔之色；誠勇，必有矜奮之色；誠智，必有明達之色」。氣流的通暢發出了聲音，一個人的性格則會在相貎和氣色上有所流露。所以，仁厚的人必有溫柔的貎色；勇敢的人必有激奮的氣色；智慧的人必有明朗豁達的面色。

人一生要經歷漫長的路程，大致說來有四個時期：幼年時期、青年時期、壯年時期和老年時期。在各個階段，人的生理和心理發育和變化都有一定差異，有些方面甚至非常顯著，表現在人的膚色上則有明暗不同的各種變化。這就如同一株樹，初生之

時，色薄氣雅，以稚氣為主；生長之時，色明氣勃；到茂盛之時，色豐而豔；及其老時，色樸而實。人與草木俱為天地之物，而人更鐘天地之氣。少年之時，色純而雅；青年之時，色光而潔；壯年之時，色豐而盛；老年之時，色樸而實，這就是人一生幾個階段氣色變化的大致規律。人的一生不可能有恒定不變的氣色。以此為準繩，就能辯別人氣色的不同變化，以「少淡、長明、壯豔、老素」為參照，可免於陷入照本宣科的錯誤中去。

人的生理狀態和情緒，常常隨季節和氣候的變化而變化，而這種內在變化就會引起氣色的變化，所以季節不同、氣候變化，人的氣色也不同。所謂「春青、夏紅、秋黃、冬白」，是取其與四時氣候相應所作的比擬。應該說，這種比擬頗為準確：春季，草長鳥飛，百花盛開，綠色遍野，春情萌發，人類的生存欲望，此時最為強烈。按照五行之說，春屬木，木色青，於人則為肝，春季肝旺，所以形之於色者為青，青色，生氣勃勃之色也。夏季，赤陽高照，無地為爐，人類的情緒，此時最為激動。五行上夏屬火，火色紅，於人則為心，心動則氣發，氣發於皮膚呈紅色。秋季，風清氣爽，天高雲輕，萬木黃凋，人類受此種肅殺之氣的感染，情緒多悽惶悲涼。秋屬金，金色白，「金」為兵器，「白」為凶色，雖然得正，卻非所宜。宜黃者，以土生金，不失其正，而脾屬土，養脾以移氣，所以說「秋黃」。冬季，朔風凜冽，砭人肌骨，秋收冬藏，人類生活，此時趨於安逸，冬屬水，水色黑，於人則為腎，腎虧則色黑，不過其色顯得正，卻非所宜。宜白者，以金生水．不失其正，而固腎以養元。

「以月之氣色」，隨月亮的隱現而發，初一之日後，氣色如枝葉之生發，清盛可見。十五之後，氣色就若隱若現，如月圓之後，漸漸侵蝕而消失。

「一日之氣色」，則因早、中、晚氣候的變化而有小範圍的變化，大致上是早晨氣色復甦，如春天之草綠；中午氣色飽滿充盈，如樹木之夏茂；傍晚氣色漸隱漸伏；夜間氣色平靜安寧，即秋收冬藏之義。

故《洞微玉鑑》中云：

「氣者，一而已矣。別而論之，則有三焉，曰自然之氣；曰所養之氣；曰所襲之氣。自然之氣者。五行之秀氣也，吾秉受之其請。常存。所養之氣者，是集氣而生之氣也。吾能自安，物不能擾。吾襲之氣者，乃邪氣也，若所存不厚，所養不充，則為邪氣所襲也。」

《大戴禮記．少問篇》記載，「堯是透過人的相貌取人，而舜則是依據人的態色取人。」如果認為觀人術是在不斷進步的話，那麼舜的觀色取人要勝過堯的觀狀取人了。《說文解字》解釋道，「顏，就是指眉目之間的地方」，「色，就是眉目之間的氣色。」以前郗雍能辨別出盜賊，觀察他的眉目之間就可以得知隱藏的情形，晉國國

君讓他觀察成百上千的盜賊而沒有一個差錯。《韓詩外傳》也有這樣的記載。如果有溫順善良之意在心中，可以透過眉目之間看得到，如果心中有邪惡之意，而眉目也不能掩蓋住。這是顏色說的來源，然而顏色是整個面部的總稱，眉目之間的地方只是其中特別重要顯著的地方罷了！

觀色相人法最精闢的論述在《大戴禮記．文王官人篇》中。其議論如下：

「歡喜的顏色是油然而生，憤怒的顏色是勃然而生，有欲望的顏色是嘔然而生，恐懼的顏色是薄然出現，憂愁悲痛的顏色是壘然而靜。真正智慧之士的顏色必然難以窮盡，真正仁德之士的顏色必然受人尊敬，真正勇敢之士的顏色必然難以震懾威赫，真正忠心之士的顏色必然可親可敬，真正廉潔之士必然有難以污染的顏色，真正寧靜之士必然有可以信賴的顏色。本質純正的顏色明朗簡潔，安定鎮靜，本質欺偽的顏色煩亂不堪，使人厭倦；人雖然想居中不偏，但顏色卻不能盡如人意！」

觀色相人法的記載其次則見於劉劭所撰《人物志．八觀篇》：「所以憂懼害怕的顏色大都是疲乏而放縱，熱燥上火的顏色大都是迷亂而污穢；喜悅歡欣的顏色都是溫潤而愉快，憤怒生氣的顏色都是嚴厲而明顯，嫉妒迷惑的顏色一般是冒昧而無常；所以一個人，當其說話特別高興而顏色和言語不符時，肯定是心中有事；如果其口氣嚴厲但顏色可以信賴時，肯定是言語表達不是十分暢敏；如果一句話未發便已怒容滿面時，肯定是心中十分氣憤；將要說話而怒氣沖沖時，是控制不了的表現；所有上述這些現象，都是心理現象的外在表現，根本不可能掩飾得了，雖然企圖掩飾遮蓋，奈何人的顏色不聽話啊！」

【人才智鑑】

商容觀武王

紂王時，商容官拜大夫，因忠言直諫，被紂王罷官。周武王克商後，商容歸周朝，周武王欽慕他的為人，曾特別旌表其閭，並把女兒嫁給了他。

《帝王世紀》記載，商容和殷商百姓觀看周朝軍隊進入商都朝歌時，看見華公來到，殷商百姓便說：「這真是我們的新君主啊！」

商容卻不同意：「不可能是！看他的顏色面貌，十分威嚴但又面呈急躁，所以君子遇到大事都是泰若之色。」

殷商百姓看到太公姜尚到來，都說「這大概是我們的新君主了！」

商容也不同意，「這也不是！看見他的顏色相貌，像虎一樣威武雄壯，像鷹一樣果敢勇武。這樣的人率軍對敵自然使軍隊勇氣倍增，情況有利時勇往直前，奮不顧身，所以君子率軍對陣要敢於進取，但這人不可能是我們的新君主。」

當看到周公旦來到時，殷商百姓又說：「這應該是我們的新君主了！」商容還是不同意，說：「也不是，看他的容顏氣色，臉上充滿著歡欣喜悅之氣，他的志向是除去賊人，這不是天子，大概是周朝的相國；所以聖人為民首領應該有智慧。」

最後，周武王出現了，殷商百姓說：「這肯定是我們的新君主了！」商容說：「這一位正是我們的新君主，他作為聖德之人為海內百姓討代昏亂不道的惡君，但是見惡不露怒色，見善不現喜氣，顏貌氣色十分和諧，所以知道他是我們的新君主。」

第三節　論文人氣色

科名中人，以黃為主
黃雲蓋頂，必掇大魁
印堂黃色，富貴逼人

【原典】

科名中人①，以黃②為主，此正色也。黃雲蓋頂，必掇大魁③；黃翅入鬢，進身不遠④；印堂黃色，富貴逼人；明堂素淨，明年及第⑤。他如眼角霞鮮，決⑥利小考⑦；印堂垂紫，動獲小利；紅暈中分⑧，定產佳兒；兩顴紅潤，骨肉⑨發跡。由此推之，足見一斑矣。

【注釋】

①科名中人：科是科考，名是功名，指的是隋唐以來透過科舉考試取得功名利祿的官員。

②黃：黃在中國古代是吉祥的顏色，幸運的顏色。

③必掇大魁：必，一定，肯定；掇，通假字，通「奪」，意思是取得、獲得。大魁，科舉考試中殿試的第一名叫大魁，也就是狀元。

④黃翅入鬢，進身不遠：黃翅入鬢，指黃色由兩顴發起，像鳥的翅膀直插兩鬢。進身，指的是入朝做官。

⑤明堂：指人的鼻子。素淨，白淨沒有污垢。及第：指的是科舉考試中考中的前三位，考中狀元叫狀元及第，考中會元叫會元及第，考中解元叫解元及第。以前，鄉

試在第一年的秋天開始考試，會試在下一年的春天，所以稱「明年及第」。

⑥決：一定，肯定。

⑦小考：古代童生應府縣以及學政的考試叫童子考，也就是小考。

⑧紅暈中分：兩眼下面臥蠶部位的兩片紅暈自鼻樑處分開，沒有連接。

⑨骨肉：指一個人的親人，包括兄弟、姐妹、父母、父母的兄弟姐妹。

【譯文】

對於追求科名的士人來說，面部氣色應該以黃色為主，因為黃色是正色、吉色。如果有一道黃色的彩雲覆蓋在他頭頂，那麼可以肯定，這位士子必然會在科考殿試中一舉奪魁，高中狀元；如果兩顴部位各有一片黃色向外擴展，如兩隻翅膀直插雙鬢，那麼可以肯定，這位士子登科升官或封爵受祿已經為期不遠；如果命宮印堂呈黃色，那麼可以肯定，這位士子很快就會獲得既能夠致富又能夠做官的機會；如果明堂部位即鼻子白潤而淨潔，那麼可以肯定，這位士子必能科考入第。其他面部氣色，如眼角即魚尾部位紅、紫二色充盈，其狀似絢麗的雲霞，那麼可以肯定，這位童子參加小考，必然能夠順利考中；命宮印堂，有一片紫色發動，向上注入山根之間，那麼可以肯定，此人經常會獲得一些錢財之利；如果兩眼下方各有一片紅暈，而且被鼻樑居中分隔開來從而互不連接，那麼可以肯定，此人定會喜得一個寶貝兒子；如果兩顴部位紅潤光澤，那麼可以肯定，此人的親人如父子、叔侄、兄弟等，必然能夠立功顯名並發家致富。由此推而廣之，足可以窺見面部氣色與人命運關係的情形。

【評述】

曾國藩以科舉得功名，又與當朝各界文士交往密切，即使在軍營之中，也多啟用文人帶兵。因此，本節專論文人氣色。文中所說的「科名中人」，用在今天的環境下，可以理解為擁有較高學歷的人，如學士、碩士、博士。

黃色歷來被尊為正色。皇帝是九五之尊，他的衣以黃為主，一般大臣不能著黃色衣袍。在五行中，黃色代表土。而在五行方位中，土居中，金為西，火為南，水為北，木為東。陰陽五行的發源地是黃河流域，也以黃為主。土地能養生萬物，因此黃色被尊為正色。

「科名中人，黃色為主」。科名中人，為皇家效力，自然以正色為吉色。這種黃色，雖與土色同，但須有光澤。如無光澤，則是氣不足之態，也難以為用。

人得「黃」主貴

古代科舉考試，自隋唐建制以來，到明清時代愈加完善。曾國藩二十四歲進京赴

考，二十六歲中舉，此後十年內連升十級，是清朝一代漢人少有的幸運者（清朝不大重用漢人）。曾國藩本出生於湖南一個農民家庭，完全靠科舉奠定功名基礎，因而特別重視文人正色。

科舉考試，殿試第一名稱大魁，也就是人們說的「狀元」。一個文人，如有「黃雲蓋頂」，可謂祥雲籠罩，不發才怪。黃色由天中、天庭而起，氣勢森然勃發，上達頂心，旁連鬢角邊地，一片光華燦爛。這樣的人，在殿試中必能取得很高名次，如中狀元、榜眼、探花什麼的，因此說「必掇大魁」。

以上是黃氣貫頂之象。如果黃氣沒有這麼燦爛，只由兩顴而起，如鴻鵠展翅，直入雙鬢，有升騰之兆，但沒有上貫頭頂連成一片，較之「黃雲蓋頂」次一等，仍能「進身不遠」，也就是仍能博取功名，只不過名次差一些。

印堂亮，氣色旺，「印堂黃色，富貴逼人」。人們常說某某人印堂發亮，聰明有為，定有好事臨身。曾國藩看人，如印堂有黃色燦爛，鮮潤奪目，必定會取得富貴。

「明堂素淨，明年及第。」明堂，就是一個人的鼻子，鼻是肺之竅，屬疾厄財帛宮，主人有無財富。明堂素淨，就是鼻子白潤光潔，考試中及第只是時間遲早的問題。明堂素淨也有一個得令不得令的問題，以秋季為當令，否則先憂後吉。

「眼角鮮霞，決利小考。」眼角魚尾紋處，如有紅、紫二色豔如霞彩者，自然有吉慶之事。這種人智清神明，有利於縣試、州試。

「印堂垂紫」，兩眉之間紫氣流動。民間有「紫氣東來」主吉祥之說，那麼眉宇之間紫氣流動，自然也是吉兆，如再加上眼神清澄，氣朗如雲，則「動獲小利」，病者可以痊癒，訟者可以勝訴，謀職者可獲職位，求功名者可獲功名。但這種情況難獲大利。

「紅暈中分，定產佳兒。」古代「不孝有三，無後為大」，因而有喜得貴子一說，以生兒為人生一大喜事。本卷考察人之氣色，如兩眼下有紅色如暈，由鼻分隔而左右互不相連，此為大旺，當產貴子。古人曾說，「火旺生男，木旺生女」，即指此。

「兩顴紅潤，骨肉發跡。」人與人之間能夠遙相感知，或在夢中有感應，這已不是奇事。如人之兩顴紅潤如霞，兆示著他的親人如父子兄弟多有發跡之象，但紅色並不易辨。紅色深而為赤，則有凶災；紅色又不能帶枯色，枯則不吉。

【人才智鑑】

虯髯客識別李世民

唐代傳奇《虯髯客傳》中有一段描述李世民的文字，非常精彩。虯髯客本是一位

武功高絕、志向遠大的奇男子、大丈夫，積蓄家財萬貫，準備於隋末起事，幹一番大事——也想一統天下做皇帝！

他聽說太原有位風采卓絕的年輕人，德才兼備，就想去看看。恰好路上遇到了剛從長安逃出的李靖夫婦。於是李靖就透過劉文靜的關係引見太原這位公子，也就是李世民。虬髯客本來十分自許英雄了得，可一見李世民「神氣洋洋，貌與常異」，馬上黯然失色，灰心之念溢於言表。

為什麼呢？

因為虬髯客身上所有的是一股草莽英雄之氣，而李世民身上所透露的卻是一股大氣，祥和、平易近人的高貴之氣。雖同為不二之選，然高下立判。

後來，可能是虬髯客心中尚存一絲僥倖之念，於是稱自己不精於鑑人，想請一位道長再鑑識一下李世民。那天在酒樓，李世民如約而至，「神采驚人，長揖而坐，神清氣朗，滿座生風，顧盼娓如」，道長一見，臉色慘然。

道長私下裡對虬髯客說：「這才是真正的英雄啊！」

第四節　論青白兩色

色忌青，忌白
心事憂勞，青如凝墨
酒色憊倦，白如臥羊

【原典】

色忌青，忌白①。青常見於眼底，白常見於眉端。然亦不同：心事憂勞，青如凝墨②；禍生不測，青如浮煙；酒色③憊倦，白如臥羊；災晦催人，白如傅粉。又有青而帶紫，金形④遇之而飛揚⑤，白而有光，土⑥庚⑦相當⑧亦富貴，又不在此論也。最不佳者：「太白⑨夾日月，烏鳥集天庭，桃花散面頰，頹尾守地閣。」有一於此，前程退落，禍患再三矣。

【注釋】

①色忌青，忌白：青，這裡指的是青斑之青，特點是焦乾昏暗，像是受到擊打傷到氣色一樣；白色，指的是白骨之白，特點是沒有光亮。

②凝墨：凝固的濃墨。

③酒色：嗜酒、愛好女色的人。

④金形：金形人。

⑤飛揚：飛黃騰達。

⑥土：土形人。

⑦庚：陰金。

⑧相當：相合。

⑨太白：太白星，也就是啟明星，它呈白色，古代人認為它主殺伐，此色主災禍。日月，指的是日角和月角部位，日角在左眉骨隆起處至左邊髮際，月角在右眉起處至右邊髮際。烏鳥，就是烏鴉，這裡指的是黑色。古人認為此相主參革。桃花，這裡指赤色斑點。赬尾，原指赤色的魚尾，這裡是指赤色。

【譯文】

面部氣色忌諱青色，也忌諱白色。青色一般出現在眼睛的下方，白色則經常出現在兩眉的眉梢。它們的具體情形又有差別：如果是由於心事憂煩困苦而面呈青色，那麼這種青色多半既濃且厚，狀如凝墨；如果是由於遇到飛來的橫禍而面呈青色，那麼這種青色一定輕重不均，狀如浮煙；如果是由於嗜酒好色導致疲憊倦怠而面呈白色，那麼這種白色一定勢如臥羊，不久即會消散；如果是由於遭遇了大災大難而面呈白色，那麼這種白色一定慘如枯骨，充滿死氣。還有青中帶紫之色，如果是金形人遇到這種氣色，一定能夠飛黃騰達，如果是白潤光澤之色，土形兼金形人面呈這種氣色，也會獲得富貴，這些都是特例，不在以上所論之列。而最為不佳的則是以下四種氣色：「白色圍繞眼圈，此相主喪亂；黑氣聚集額頭，此相主參革；赤斑佈滿兩頰，此相主刑獄；淺赤凝結地閣，此相主凶亡。」以上四相，如果僅具其一，就會前程倒退敗落，並且接連遭災遇禍。

【評述】

第三節論述過面部的各種吉祥、吉慶顏色，本節著重討論不吉祥、昭示著身體有病變的非健康色，以青白兩色為主。

色常見於眼底。不健康的青色，與春天草木新生的青色不同，是氣血淤積滯脹形成的，即「鼻青臉腫」、「臉色發青」的青色，是一種紫黑色。眼部受打擊，長期疲勞工作，得不到休息，體內新陳代謝不暢，會形成青色。肌體發生病變，也會形成青色。這類青色都是一種警兆。

白色，不是金秋爽朗一樣明快的白色，而是沒有氣血，如枯骨白粉一樣的白色，

是氣血虧損不足的表現。枯骨白粉給人陰森森的感覺，這樣的白色當然也不會是好的面色。白色常見於眉端。

青白兩色雖以不健康為主徵，但青、白的變色又並非都表示身體狀況不好，這在後面細表。沒有休息好，精神狀態不佳，兩眼微腫，眼袋發青發紫，眼中晶狀體布有血絲。如果因為心事憂勞，連續幾天不能休息好，面部發青現象就會加重，如凝結的墨汁一般。青如凝墨，已是比較嚴重的徵象，應即時調理休息，否則容易出現混亂。

如果「青如浮煙」，氣色嫋嫋不定，而且沒有一點光澤，就屬死色，難以救助，不日會有難測之禍。

氣與色連用，氣與色是源與流的關係。氣是根本，色是表象，氣盛則色佳，有光澤，氣衰則色悴，無光澤。人們可以從睡眠充足、休息得宜的精力充沛狀態與疲憊萬分、憔悴不堪的前後對比中找到答案。如果氣有變化，色也會隨之發生變化。

如果為酒色傷身，眉端會常現白色，這是腎虛肺衰之兆，所以表現為白色，有「白如臥羊」之態。這種白色，尚無大礙，休養節欲，可以復原。

但如果面部「白如枯骨白粉」，就不可救藥。這種色為死色，一旦定形，表明其人腎內功能衰至極處，精力頹廢到迴光返照的程度，滅頂之災會接踵而至。

青白二色有許多變化情形，不能不知變通的一概而論。

「青而帶紫，金形遇之而飛揚」，青屬木，紫屬火，金剋木，但木能生火煉金，而成輾轉生合之象，為逆合，金形人遇之，反而飛黃騰達，能得富貴。

「白而有光，土庚相當亦富貴」，白色本為不吉，但若金土相當，土之黃色能孕育金之白色，土金相生，反而有利，這屬於順合，也主人富貴。「白而有光」，而不是「白若骨粉」，情形並不一樣。

氣色發於五臟六腑，暗合於五行之理，又由於四季晨昏的陰陽變化，又會產生若干差異，絕不能妄執一端，鑽牛角尖。

氣色跟健康狀況有一定關係。「今天你的氣色看起來不大好，是不是哪裡不舒服？要不要去醫院看一下？」這是一種經驗。原文所說「心事憂勞」、「酒色憊倦」，氣色上都會有所表現，或者「青如凝墨」，或者白得沒有血色，比較合理。

曾國藩就是死於心血積虧太過，因此臨死前的一兩年，他的氣色也不佳，可以作為「心事憂勞」的解釋。戰國時期著名的信陵君，晚年沉於酒色，最後醉死了，可以作為「酒色憊倦」的解釋。

【人才智鑑】

扁鵲見蔡桓公

扁鵲是戰國時代的著名醫生，技藝高超，有起死回生的本領。據說他第一次看到蔡桓公時，告訴蔡桓公因縱情聲色，病在肌理，應及時治療，不能讓病情加重。蔡桓公覺得自己精神很好，沒有哪裡不舒服，認為自己沒病，以為扁鵲在嚇唬他，想危言聳聽騙點錢花，考慮到扁鵲的名氣大，就客客氣氣地把扁鵲送走了。過了十幾天，扁鵲又見到了蔡桓公，告訴他病已入內臟，趕緊治療，還來得及，否則後果難料。蔡桓公認為自己每天能吃能睡，哪裡會有什麼疾病，還是把扁鵲送走了。當扁鵲第三次見到蔡桓公時，距離不遠，就轉身走了，也不與他打招呼。旁人很奇怪，問他為何。扁鵲說，蔡桓公病已入骨髓（就是病入膏肓）已無藥可治了。數天之後，蔡桓公果然暴亡。

扁鵲第三次見到蔡桓公，沒問情，沒把脈，卻知道他的病情輕重，這是中醫裡「望聞問切」四訣中「望」。這個「望」的功夫可不是簡單的技巧，完全來自經驗的沉澱積累，外加天賦。他「望什麼」呢？就是「望」「氣色」。

究竟是望氣還是望色呢？以扁鵲的醫道功力來講，應當是都望。

國家圖書館出版品預行編目(CIP)資料

用人識人的古今觀人術 / 李津作 . -- 初版 . -- 臺北市 : 華志文化, 2018.03
面； 公分 . -- (全方位心理叢書 ; 30)
ISBN 978-986-95996-3-4(平裝)

1. 人事管理 2. 謀略

494.3 107002163

華志文化事業有限公司
系列／全方位心理叢書30
書名／用人識人的古今觀人術
書號／C330

作者 李津
執行編輯 簡煜哲
美術編輯 楊雅婷
封面設計 王志強
文字校對 陳欣欣
企劃執行 張淑芬
總編輯 黃志中
社長 楊凱翔
出版者 華志文化事業有限公司
電子信箱 huachihbook@yahoo.com.tw
地址 116 台北市文山區興隆路四段九十六巷三弄六號四樓
電話 02-86637719

總經銷商 旭昇圖書有限公司
地址 235 新北市中和區中山路二段三五二號二樓
電話 02-22451480
傳真 02-22451479
郵政劃撥 戶名：旭昇圖書有限公司（帳號：12935041）

出版日期 西元二〇一八年三月初版第一刷

Printed In Taiwan

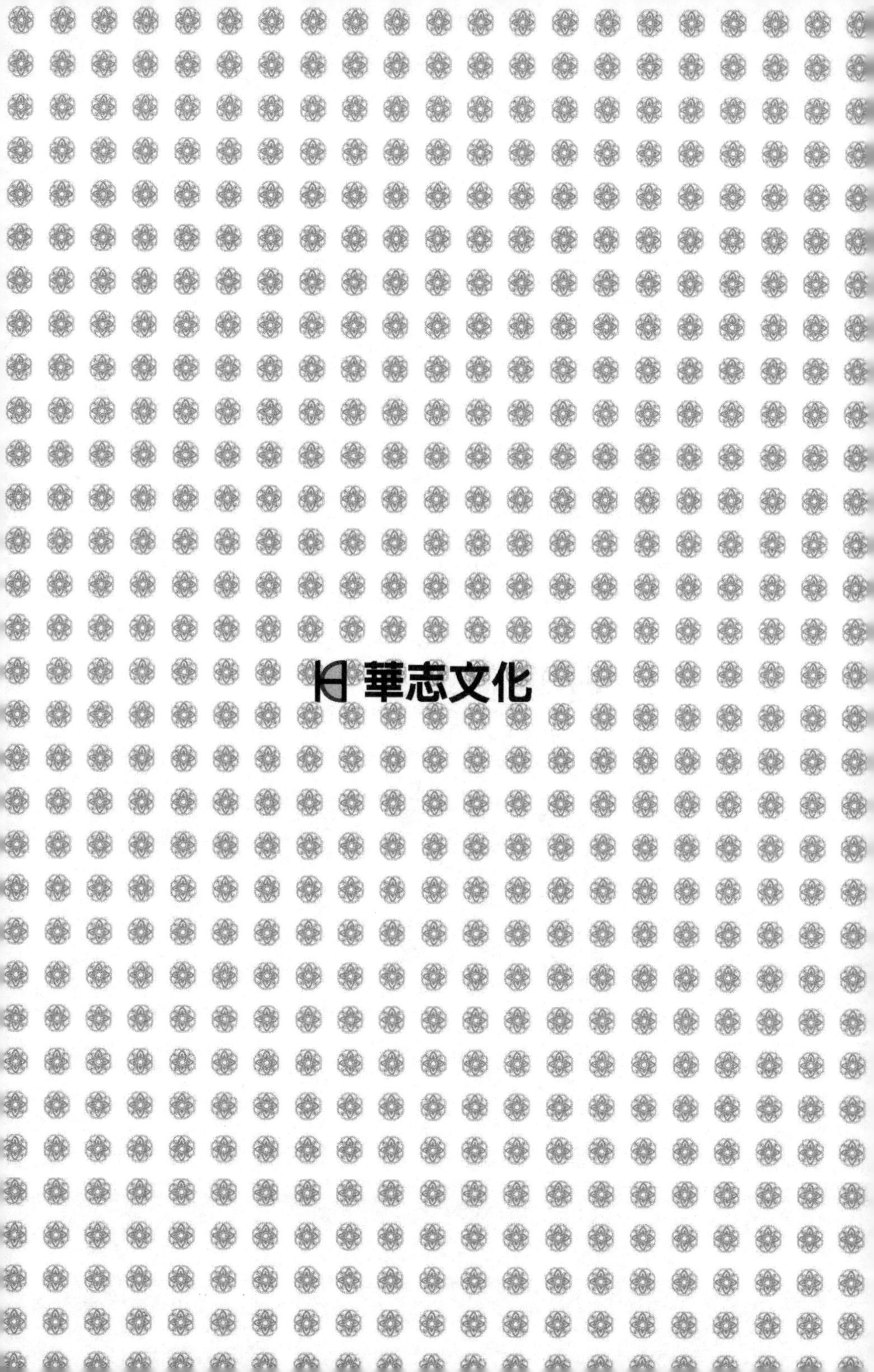
華志文化

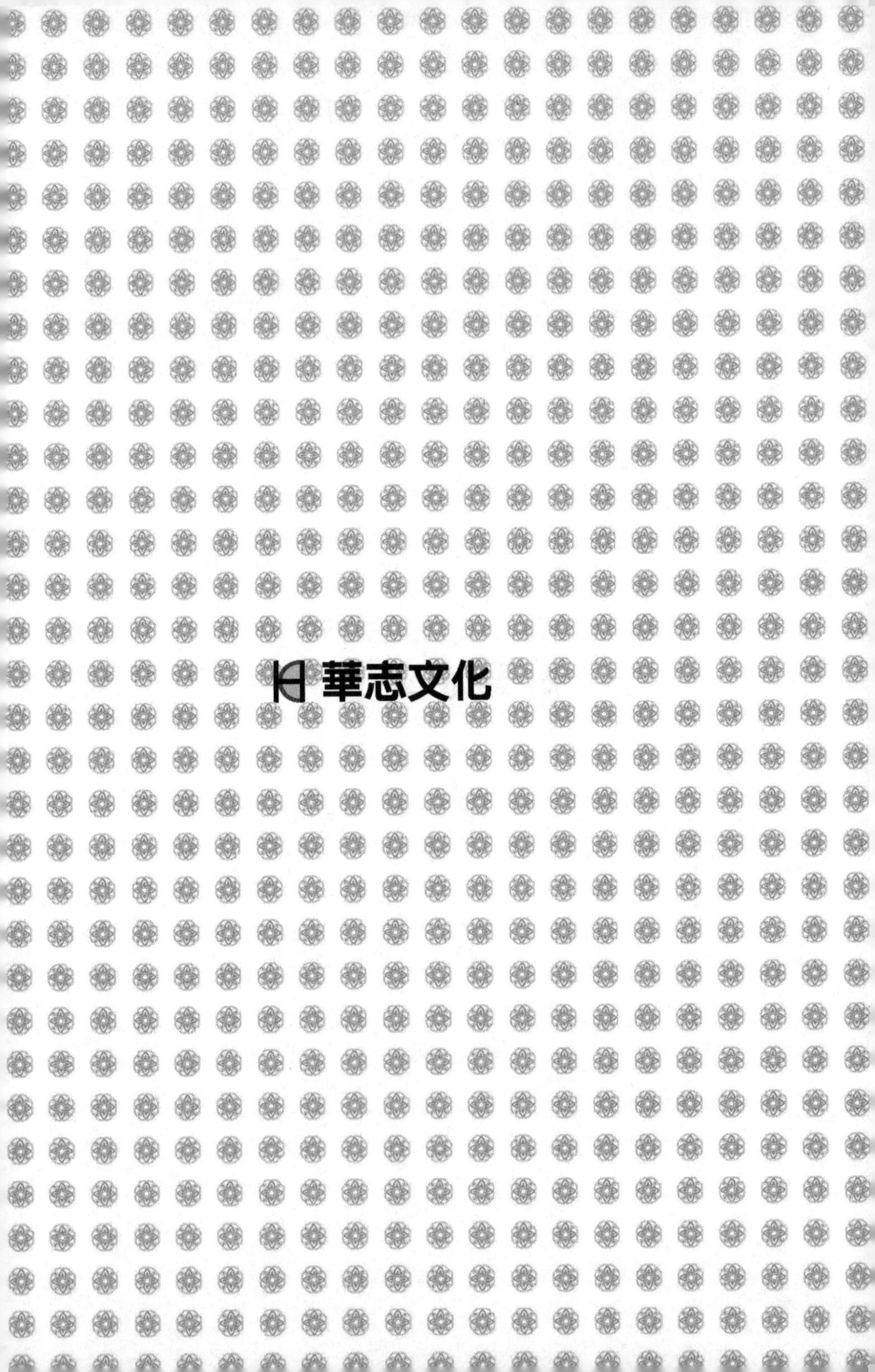
華志文化